André Rakowski

Ansätze zur Optimierung der IT-Systemlandschaft

Eine Untersuchung von EA-Software am Beispiel von "MEGA Suite"

Diplomica Verlag GmbH

Rakowski, André: Ansätze zur Optimierung der IT-Systemlandschaft: Eine Untersuchung von EA-Software am Beispiel von "MEGA Suite".
Hamburg, Diplomica Verlag GmbH 2013

Buch-ISBN: 978-3-8428-9638-3
PDF-eBook-ISBN: 978-3-8428-4638-8
Druck/Herstellung: Diplomica® Verlag GmbH, Hamburg, 2013

Bibliografische Information der Deutschen Nationalbibliothek:
Die Deutsche Nationalbibliothek verzeichnet diese Publikation in der Deutschen Nationalbibliografie; detaillierte bibliografische Daten sind im Internet über http://dnb.d-nb.de abrufbar.

© Diplomica Verlag GmbH
Hermannstal 119k, 22119 Hamburg
http://www.diplomica-verlag.de, Hamburg 2013
Printed in Germany

Inhaltsverzeichnis

Abkürzungsverzeichnis

AB	Architekturbeschreibung
ADM	Architecture Development Method
ARIS	Architecture of Integrated Information Systems
BITKOM	Bundesverband der Informationswirtschaft, Telekommunikation und neue Medien e.V.
BPA	Business Process Analysis
BPM	Business Process Management
BPMN	Business Process Model and Notation
CEO	Chief Executive Officer
CI	Configuration Item
CIM	Computer Integrated Manufacturing
CIO	Chief Information Officer
CMDB	Configuration-Management DataBase
COBIT	Control Objectives for Information and Related Technology
DoD	Department of Defense
DV	Datenverarbeitung
E2	Extended Enterprise
E2A	Extended Enterprise Architecture
EA	Enterprise Architecture
EAM	Enterprise Architecture Management
EAF	Enterprise Architecture Framework
EDV	Elektronische Datenverarbeitung
EPK	Ereignisgesteuerte Prozessketten
ERP	Enterprise Resource Planning
GRC	Governance, Risk and Compliance
IM	Informationsmanagement
IS	Informationssystem
ISACA	Information Systems Audit and Control Association
IT	Information Technology
ITIL	IT Infrastructure Library

IuK	Informations- und Kommunikationsystem
KVP	Kontinuierlicher Verbesserungsprozess
MEGA	Marken Name - MEGA International
OGC	Office of Government Commerce
PDCA	Plan-Do-Check-Act
PRINCE2	Projects IN Controlled Environments
RM	Reference Model
RTE	Real-Time Enterprise
SAP	Systeme, Anwendungen, Produkte (AG)
SOA	Serviceorientierte Architecture
SWOT	Strengths, Weaknesses, Opportunities und Threats
TAFIM	Technical Architecture Framework for Information Management
TOGAF	The OpenGroup Architecture Framework
UML	Unified Modeling Language
VE	Virtual Enterprise

Abbildungsverzeichnis

Tabellenverzeichnis

1 Einleitung

Die vorliegende Untersuchung befasst sich mit der Optimierung von IT-Systemlandschaften. Dieses wird mit dem Einsatz von Enterprise Architektur, im Weiteren mit EA abgekürzt, und der Einführung von EA-Software am Beispiel von "MEGA Suite" durchgeführt. Damit verbunden ist die Prüfung von IT-Frameworks für ihre Nutzung bei der Verbesserung der IT-Landschaften und -Prozesse. Durch einen definierten SOLL-Prozess für die Asset-Verwaltung, ein angepasstes EA-Framework und ein Modell für die Einführung der EA-Software wird der Mehrgewinn der EA verdeutlicht.

1.1 Motivation

Die Motivation, dieses Buch zu schreiben, liegt in meiner Tätigkeit im Bereich des Application-Managements begründet. Zu den Aufgaben des Application-Managers zählt der Betrieb von IT-Infrastrukturen, das Generieren von Services, der Umgang mit Stakeholdern der Organisation und der Aufnahme und Optimierung von Geschäftsprozessen und Infrastrukturen. Dabei spielt in meiner Arbeit die Einführung von Standards sowie die Reduktion von Kosten und Risiken eine große Rolle.

Im Rahmen von Projekttätigkeiten und der Beschaffung von Informationen für die Revision oder Rechnungsprüfer, die Geschäftsleitung oder den Gesetzgeber wurde mir bewusst, wie kompliziert in diesem Falle die Beschaffung und Strukturierung der geforderten Antworten ist.

Dies, die Einführung und der Umgang mit Frameworks, sowie die Notwendigkeit der Adaption von aktuellen IT-Werkzeugen als Teil meiner Tätigkeit bewegten mich dazu, dieses Buch zu schreiben.

Ich gehe davon aus, dass die Ergebnisse der Untersuchung auch für andere Organisationen interessant sind und einen Beitrag für kommende Projekte im Bereich der Optimierung liefern.

1.2 Problemstellung

Das Problem, zu dessen Lösung diese Untersuchung einen Teil beitragen soll, ist die fehlende Aussagemöglichkeit über die Wirtschaftlichkeit eines IT-Betriebes. Dieses ist gekoppelt mit der fehlenden Auskunftsfähigkeit über die Erbringungswirtschaftlichkeit der für den IT-Betrieb eingesetzten Systemumgebung. Eine Möglichkeit aussagekräftiger zu werden, ist der Einsatz von Hilfsmitteln zur Verwaltung von Assets. Dazu zählen Angaben für alle Assets, sowohl in Hard- als auch in Software. Diese in diesem Fall fehlenden Informationen verhindern unter anderem einen Vergleich mit anderen Anbietern für IT-Prozesse und -Leistungen und damit die Bewertung der eigenen Landschaft, Prozesse und Strukturen. Das Fehlen der Informationen im Bereich der Asset-Verwaltung bildet den Beginn der Neustrukturierung der IT-Systemlandschaft in der in dieser Untersuchung untersuchten Organisation. Darum wird die Asset-Verwaltung als praktisches Beispiel für die Problemlösung herangezogen.

Es besteht die Wahrscheinlichkeit, dass durch die fehlenden Informationen über die bestehenden Systeme und Applikationen Aufgaben der Unternehmung bei gleicher Ausgangslage durch unterschiedliche Softwareprodukte erledigt werden. Dabei ist ungewiss, ob die Aufgaben durch die für das Unternehmen optimale Applikation durchgeführt werden.

Diese Ausgangssituation zeigt deutlich, dass es nur wenige Informationen über die Struktur der IT-Systemlandschaft im betrachteten Unternehmen gibt. Dadurch ist es im untersuchten Fall nicht möglich, eine Kostenstruktur aufzustellen.

1.3 Zielsetzung

Das Ziel dieses Buches ist es, Ansätze zur Optimierung der IT-Systemlandschaft zu liefern und ein Vorgehen zur Sicherstellung der Auskunftsfähigkeit über die IT-Systemlandschaft zu entwickeln. Dabei soll der zu entwickelnde Ansatz der Enterprise Architektur mit Hilfe einer Standard-EA-Software abgebildet werden. Die Auswahlentscheidung für die EA-Software „MEGA Suite" ist dabei bereits erfolgt und wird im Rahmen dieser Studie verifiziert.

Im Verlauf der Studie wird ein auf die Aufgabe der Asset-Verwaltung angepasstes Framework entwickelt. Die Untersuchungen werden dabei an einem im Rahmen der Untersuchung definierten SOLL-Prozess für die Asset-Verwaltung entlanggeführt.

Es werden bestehende IT-Frameworks auf die Möglichkeit ihrer Nutzung speziell im Zusammenhang zum Thema der Assetverwaltung untersucht und auf ihre Tauglichkeit bewertet, weil sie für die Problemlösung mögliche Lösungen anbieten. Ein besonderer Fokus liegt auf den Frameworks der Enterprise Architektur. Dabei werden im Speziellen die Rahmenwerke „The Open Group Architecture Framework", im Weiteren mit TOGAF abgekürzt, und das Zachman Framework betrachtet, da diese die Grundlage der Konzeption aktueller EA-Softwareprodukte bilden. Um die Untersuchung zu vervollständigen, werden die IT-Frameworks „IT-Infrastructure Library", im Weiteren mit ITIL abgekürzt und „Control Objectives for Information and Related Technology", im Weiteren mit COBIT abgekürzt, als weit verbreitete IT-Framework-Sammlungen in die Untersuchung mit einbezogen.

Ein angepasstes Vorgehensmodell für die Einführung einer Softwarelösung zur Optimierung der IT-Landschaft wird in dieser Untersuchung ebenfalls herausgearbeitet. Dabei werden die Standardmodelle für die Softwareeinführung überprüft, auf den speziellen Fokus der Einführung einer Enterprise Architektur Software hin untersucht und gegebenenfalls angepasst.

Es wird in der Studie dargelegt, welche Schlüsselrolle die Asset-Verwaltung für die Auskunftsfähigkeit einer Organisation spielt und wie die Optimierung dieser Verwaltung durch den Einsatz von EA die Grundlage für weitere Optimierungsmöglichkeiten einer Organisation schafft. Dabei wird die Gültigkeit der eingesetzten Modelle nachgewiesen.

1.4 Struktur des Buches

An dieser Stelle wird eine Übersicht der Untersuchung in tabellarischer Form zur Orientierung dargestellt. Dabei wird die oberste Kapitelebene als Gliederung verwendet.

Kapitel	Kurzinhalt
Einleitung	Die Einleitung umfasst die Motivation des Autors, umreißt kurz die Problemstellungen die diese Untersuchung behandelt, definiert die Ziele der Untersuchung und gibt einen Überblick über die Struktur.
Optimierung von IT-Systemlandschaften	Das zweite Kapitel dient der Problem- und Anforderungsdefinition, um Theoriefelder abstecken zu können und um die Basis für die Bewertung zu bilden. Es wird dargestellt, was als Optimierung gesetzt wird und welche Bestandteile die IT-Systemlandschaften im Allgemeinen haben. Es wird erläutert, was IT-Architektur ist, warum sie notwendig ist und welche Frameworks im Bereich der IT-Architektur eingesetzt werden.
Stand der Wissenschaft im Bereich Enterprise Architektur	Dieses Kapitel umreißt den Stand der Forschung im Bereich Enterprise Architektur. Es werden Ziele der Enterprise Architektur einzeln erläutert.
Entwicklung eines angepassten Enterprise Architektur Frameworks für die Asset-Verwaltung	In Kapitel vier wird erläutert, warum einzelne EA-Frameworks nicht ausreichen, um alle IT-Architektur Aufgaben abzudecken. Dieses erfolgt an einem im Rahmen dieses Buches erstellten Prozess für die Asset-Verwaltung. Es werden EA-Frameworks und andere IT-Frameworks betrachtet. Ein Vorschlag eines angepassten Frameworks wird dargestellt.

Kapitel	Kurzinhalt
Stand der Entwicklung der Enterprise Architektur-Suiten	Es wird nun dargestellt, wie EA-Frameworks in Enterprise Architektur-Software integriert sind. Dabei wird erläutert, was eine EA-Software ist und welche Aufgaben sie hat. Anschließend wird eine Marktbetrachtung zur Bestätigung der Auswahlentscheidung der untersuchten Organisation durchgeführt. Es folgt eine Einordnung der betrachteten Frameworks und ein Abgleich mit den dargestellten IT-Frameworks. Abschließend wird auf die Optimierung der IT-Systemlandschaften durch EA-Software eingegangen.
Einführung einer Enterprise Architektur-Software	Das Kapitel sechs geht auf das Thema der Einführung einer EA-Software ein. Dafür werden Software-Einführungsmodelle auf ihre Tauglichkeit gegenüber dem Einsatz für EA-Software untersucht und bewertet. Ein für die Einführung der Software im untersuchten Unternehmen konzipiertes Modell wird herausgearbeitet.
Optimierung der IT-Systemlandschaft durch Verbesserung der Asset-Verwaltung	Die Nutzung des im Rahmen der Studie erstellten SOLL-Prozesses für die Asset-Verwaltung ermöglicht es, die Aussagefähigkeit über die Wirtschaftlichkeit des IT-Betriebes zu steigern. Standardisierung der Aufgabenabarbeitung der Unternehmung untern Nutzung von gleichen Softwareprodukten für gleiche Aufgaben.
AusblickAusblick	Im Ausblick werden noch notwendige Tätigkeiten für das untersuchte Thema in der Organisation und für die Übernahme in andere IT-Infrastruktur-Umgebungen aufgezeigt.
Zusammenfassung und Fazit	Es werden die anfangs aufgestellten Ziele der Studie mit den erreichten Ergebnissen verglichen. Es folgt ein Fazit der Untersuchung und eine Einschätzung, ob die Ziele der Studie erreicht wurden und wie die nächsten Schritte für eine weitere Nutzung der Ergebnisse in anderen Organisationen aussehen könnten.

Tabelle 1 Struktur der Buches

2 Optimierung von IT-Systemlandschaften

In der vorliegenden Untersuchung wird das Thema Optimierung von IT-Systemlandschaften untersucht. Dazu ist es wichtig, am Anfang die Begriffe der IT-Systemlandschaft zu definieren und die Notwendigkeit für eine Optimierung dieser Landschaften darzulegen und festzulegen, was Optimierung in diesem Fall bedeutet.

2.1 Optimierung der IT

Für den Begriff der Optimierung finden sich in der Literatur verschiedene Quellen. Eine Definition von Optimierung aus dem Bereich der Optimierungen von Webseiten definiert, es wird versucht, einen verbesserten Zielzustand zu erreichen und ihn möglichst dicht an ein Optimum zu bringen.[1] Je nach Einsatzgebiet, zum Beispiel der Mathematik, werden Lösungen hinsichtlich einer Zielfunktion optimiert.[2] In der Informatik ist Optimierung zum Beispiel auf das Erreichen einer schnelleren Programmablaufzeit ausgerichtet. Auch das Suchen von Alternativen und die Festlegung einer möglichst Besten werden als Optimierung bezeichnet.

In diesem Buch wird der Begriff für die Verbesserung eines Zustandes, der Steigerung der Qualität und der Kostensenkung genutzt.[3] Dabei müssen die Kennzahlen, die für die Optimierung herangezogen werden, bekannt sein und von der Organisation unterstützt werden. Die Kennzahlen werden aus definierten Vorgaben abgeleitet. Für diese Untersuchung bietet es sich an, die Ziele SMART zu definieren. SMART wird dafür mit spezifisch, messbar, akzeptiert, realistisch und terminiert festgelegt.[4]

Der spezielle Fokus der Optimierung in diesem Buch wird durch die Verbesserung des Prozesses des Asset-Managements verdeutlicht. Dabei soll der Prozess in seinen Kennzahlen verbessert werden. Dazu gehören die Qualität des Prozesses, die Durchlaufzeit des Prozesses, die Zufriedenheit der Prozessbeteiligten und die Verbesserung der Informationsversorgung über den Prozess und seine Einzelschritte.

---

[1] Vgl. SEO-united.de (2012): Optimierung
[2] Vgl. Springer Gabler | Springer Fachmedien Wiesbaden GmbH (2012): lineare Optimierung
[3] Vgl. Digitales Wörterbuch der deutschen Sprache (2012): Optimierung
[4] Vgl. Behms, M. (2009): S. 171-173

2.2 Bestandteile von IT-Systemlandschaften

Zu den Bestandteilen von IT-Systemlandschaften werden unterschiedlichste Elemente gerechnet. So gehören die Infrastrukturkomponenten eines Netzwerkes, die Software auf Servern und Clients, aber auch die Schnittstellen zwischen den Komponenten der Hard- und Software zum System. Zu den Bestandteilen zählen weiterhin die Daten und die definierten Prozesse.[5] Im ITIL-Framework bilden diese Elemente in ihrer Gesamtheit die Assets, also die Bezeichnung für jedwede Ressource oder Fähigkeit[6] oder Configuration Item (kurz CI), somit alle Komponenten und andere Service-Assets, die gemanagt werden müssen, um einen IT Service bereit stellen zu können.[7] Die einzelnen, verschiedenen Inhalte der Systemlandschaft werden in voneinander getrennten Architektursichten aufgearbeitet und behandelt.[8]

2.3 Notwendigkeit von IT-Architektur

Die unterschiedlichen Bereiche der IT-Architekturen ermöglichen es, die IT-Systeme beherrschbar zu halten. Sie verringern ihre Komplexität, die in Unternehmen nur schwer verwaltbar und beherrschbar ist. Dabei werden Elemente spezifisch nach ihren Eigenschaften in speziellen IT-Architekturen betrachtet. Zu den unterschiedlichen IT-Architekturen gehören die Componentware-Architektur, die Software-Architektur, die Integrations-Architektur, die Middleware-Kommunikations-Architektur, die Netzwerk-Architektur, die Plattform-Architektur, die Groupware-Architektur, die Informations-Architektur, die Daten-Architektur, die Sicherheits-Architektur und die Systembetriebs-Architektur. Aus den Namen der einzelnen Architekturen kann der Handlungsbereich der einzelnen Architektur bestimmt werden. So behandelt die Netzwerkarchitektur die Netzwerkkomponenten. Auch für die in dieser Untersuchung betrachteten IT-Umgebung ist die Nutzung von Hilfsmitteln wie IT-Architektur-Frameworks notwendig.

---

[5] Vgl. ProSoft Software Vertriebs GmbH (2012): NetSupport Manager
[6] ITIL_2011_German_Glossary_v1_1b_pdf (1).pdf, Stand 12.12.2012S. 7
[7] ITIL_2011_German_Glossary_v1_1b_pdf (1).pdf, Stand 12.12.2012S. 32
[8] Vgl. Schwarzer, B. (2009): S. 2

2.4 Hilfsmittel für IT-Systeme - Zusammenführung der IT-Architektur zur Enterprise Architektur

Um den Beschränkungen, die durch die getrennte Betrachtung der einzelnen Architekturbereiche, „der Silobildung" oder der Beschränkung auf die System- bzw. Infrastruktur zu begegnen, geht der Trend seit den 90iger Jahren zur Entwicklung der Enterprise Architektur, um die einzelnen IT-Architekturen zu verzahnen und den vergrößerten Fokus auf die Geschäftsprozesse zu berücksichtigen[9].

Ein Mittel zur Strukturierung der Architekturen bildet die Architekturpyramide als „best practice" Ansatz. Dabei werden die komplexen Strukturen de einzelnen Architekturebenen deutlich. Es wird erkennbar, dass die einzelnen verschiedenen Architekturen aufeinander aufbauen.

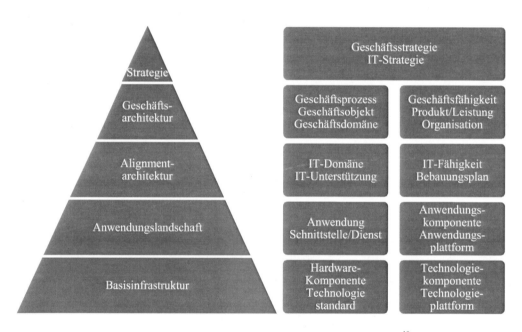

Abbildung 1 Architekturpyramide als Ordnungsrahmen für EAM[10]

Die Abbildung 1 zeigt die Architekturebenen, die Architekturvorgaben, die Planungen und Elemente in ihren Anordnungen zueinander.[11]

Es gibt verschiedene Hilfsmittel, um eine Systemlandschaft zu steuern. Je nach Größe und Komplexität der Landschaft rücken dabei unterschiedliche Frameworks in

---

[9] Vgl. Keuntje, J. H.; Barkow, R. (2010): S. 19ff

[10] Ebd.

[11] Ebd.

den Mittelpunkt der Betrachtung, die die Sicherstellung des Betriebes und die Erhaltung der IT-Landschaft als Aufgabe haben.

Beispiele für Hilfsmittel sind Systeme zur Verwaltung der Strukturelemente der IT. Eine weitere Möglichkeit wäre eventuell die Nutzung eines auf den IT-Betrieb ausgerichteten Frameworks. Wenn der Fokus auf die Ausrichtung der IT an den Geschäftsprozessen und deren ständige Überwachung mit eingeschlossen wird, kommt die Enterprise Architektur zum Einsatz.

3 Stand der Wissenschaft im Bereich Enterprise Architektur

Die Notwendigkeit der Nutzung von Enterprise Architektur ergibt sich aus der im vorangegangenen Kapitel 2.3 dargestellten Komplexität der IT-Landschaft. Es ist notwendig, Informationen in einer hohen Qualität und in der richtigen Granularität zur richtigen Zeit zur Verfügung zu haben, um die Auswirkungen von Änderungen auf bestehende Systeme und betroffene Prozesse zu erkennen. Enterprise Architektur ist dabei behilflich.[12] Die optimale Enterprise Architektur versucht, ein möglichst genaues Abbild der realen Unternehmens-Architektur darzustellen.[13]

Heutige Architektur-Frameworks haben eine gemeinsame Geschichte. Viele Ansätze beziehen sich dabei auf CIM-Konzepte aus dem Jahr 1980.[14] [15] Einen großen Einfluss auf die Enterprise Architektur - oder auch Unternehmensarchitektur - übt dabei das 1987 von John Zachman vorgestellten IT-Framework zur Entwicklung von domänenneutralen IT-Informationssystemen aus. Mit dem Zachman Framework ist es z. B. möglich, ein Metamodell[16] als Basis für Architekturen zu erstellen.[17] Das Modell unterstützt und führt die Anwender dabei, die richtigen Fragen zur Aufnahme von beliebigen Architekturen kontrolliert zu stellen. Einzelheiten zum Zachman Framework werden nachfolgend in Kapitel 4.2.1 beschrieben.

---

[12] Vgl. Hanschke, I. (2009): S. 69ff
[13] Vgl. Keuntje, J. H.; Barkow, R. (2010): S. 409f
[14] Vgl. Enterprise_Architecture Frameworks.pdf, Stand 21.09.2012S. 17
[15] Vgl. Witherton Jones Publishing Ltd. (2012): Computer Integrated Manufacturing (CIM)
[16] Vgl. Kurbel, K. et al., (2012): Metamodell, o.S.
[17] Vgl. John, A. Z. (2012): John Zachman's Concise Definition of The Zachman Framework™

3.1 Begriffsdefinition Enterprise Architektur

Neben dem Begriff Enterprise Architektur wird in der Literatur auch häufig der Begriff Unternehmensarchitektur verwendet.[18] [19] Die Studie nutzt beide Begriffe synonym. Die Zusammenführung der einzelnen IT-Architekturen mit den Geschäftsprozessen eines Unternehmens sowie den Geschäftsfähigkeiten oder Capabilities, den definierten Service-Domänen, dem Datenmodell, den definierten Diensten bilden in ihrer Gesamtheit die Enterprise Architektur.[20]

Der Begriff der Enterprise Architektur wird in der Literatur unterschiedlich definiert. Je nach Autor und dessen Beziehung zur Enterprise Architektur sind unterschiedliche Definitionen in der Literatur zu finden. So wird der EA-Prozess als Prozess der Erstellung einer umfassenden Lösung für die Herausforderungen einen Unternehmens gesehen. Dabei werden die Anforderungen, die Richtlinien und die Zukunft des Unternehmens in Übereinstimmung gebracht.[21] Eine Definition des Begriffes der Enterprise Architektur bezeichnet „die der Gestaltung von Geschäftsprozessen und IT-Infrastruktur zugrunde liegende Logik, welche die Integrations- und Standardisierungsanforderungen an die Leistungsinfrastruktur des Unternehmens reflektiert."[22] Die BITCOM beschreibt den Begriff als wesentlichen Bestandteil für die Leistungsfähigkeit eines Unternehmens.

In der EA werden Geschäftsprozesse und Infrastrukturen sowie Anforderungen und Softwarefähigkeiten in Beziehung zu einander gesetzt, um daraus analog zur Architektur von Gebäuden einen Bauplan zu entwickeln. Die EA unterstützt durch das EA-Management das Unternehmen, sich geplant weiterzuentwickeln.[23] Das Enterprise-Architecture-Management, im Weiteren mit EAM abgekürzt, bildet den Inhalt der Unternehmensarchitektur ab.[24]

Die Abbildung 2 zeigt die Zusammenhänge zwischen den Anforderungen aus den Geschäftsbereichen der Geschäftsstrategie und deren strategischen Anforderungen

---

[18] Vgl. Ferstl, O. K. et al., (2005): S. 1520
[19] Vgl. Hanschke, I. (2009): S. 69
[20] Vgl. Keuntje, J. H.; Barkow, R. (2010): S. 20ff
[21] Vgl. Gartner, Inc. (2012): Enterprise Architecture (EA)
[22] Thomas Group, Inc. (2006): S. 71
[23] Ebd.
[24] Vgl. Keuntje, J. H.; Barkow, R. (2010): S. 143

sowie der IT-Architektur. Zwischen diesen Komponenten werden die Capabilities der Organisation ausgebildet.

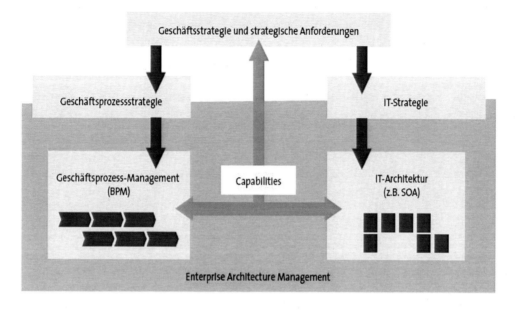

Abbildung 2 Enterprise Architektur Management[25]

Die Abbildung 2 verdeutlicht die Notwendigkeit des Aufbaus der Verbindungen zwischen den Geschäftsbereichen über ihre Anforderungen. Dabei kann der Einsatz von EAM hilfreich sein.

3.2 Allgemeine Ziele der Enterprise Architektur

Mit EA und EAM wird eine Anzahl von unterschiedlichen Zielen verfolgt. Einige dieser Ziele werden in diesem Abschnitt erläutert.

3.2.1 Transparenz

Die durch EAM geschaffene Transparenz unterstützt die Unternehmensführung bei der Erreichung von Kostenreduktion, Standardisierung und Konsolidierung.[26] Die Transparenz der Unternehmensarchitektur ermöglicht es erst, die Architektur zu lenken. Hilfsmittel, um die notwendige Transparenz zu erreichen, sind Dokumentatio-

---

[25] Vgl. BITKOM Bundesverband Informationswirtschaft, Telekommunikation und neue Medien e. V. (2011): S. 11
[26] Vgl. Miedl, W. (2012): Kostenreduktion, Standardisierung und Konsolidierung

nen, Inventarisierung, Strukturierung und Standardisierung der Architekturelemente.[27] [28]

3.2.2 Wertbeitrag der IT

EAM erleichtert den Nachweis des Wertbeitrages der IT oder international „Business Value of IT" zum Geschäftserfolg. Die Beschreibung von Capabilities und IT-Funktionalitäten steigert die Kostentransparenz.[29] Die Einteilung der Schöpfung des Wertbeitrages lässt sich in Kategorien teilen. Dabei werden diese Kategorien z. B. in Bereiche, die durch die Messbarkeit direkt der Aktionen der IT zugeordnet werden, und in indirekte bzw. strategische Vorteile eingeordnet.[30] Die folgende Abbildung 3 stellt die Messbarkeit von IT-Aktivitäten und deren Zurechenbarkeit zur IT dar.

---

[27] Vgl. Keuntje, J. H.; Barkow, R. (2010): S. 22
[28] Vgl. Friedrichsen, U. (2010)
[29] Vgl. Rendite erzielen mit der EA.pdf, Stand 24.09.2012
[30] Vgl. Becker, L. (2012): Wertschöpfung durch IT

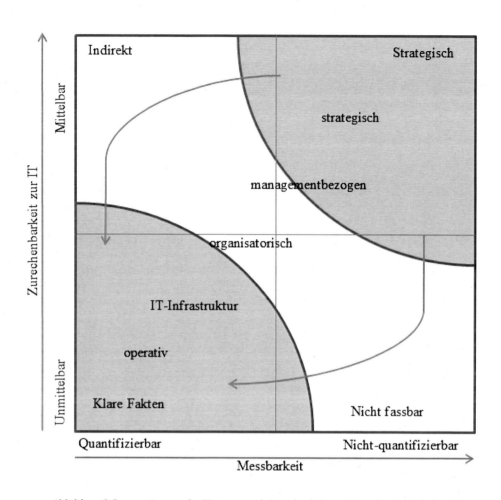

Abbildung 3 Segmentierung des Nutzens nach Messbarkeit und Zurechenbarkeit der IT-Wirkung für den Geschäftserfolg [31]

Direkt messbarer Nutzen ist z. B. die Verringerung einer Prozessdurchlaufzeit nach einer Automatisierung. Indirekter und nicht messbarer Nutzen ist die Anwendung einer neuen Infrastrukturkomponente wie WLAN.[32] [33]

Es wird durch die Abbildung 3 deutlich, dass der Wertbetrag der IT umso leichter zu ermitteln ist, je näher die Daten am operativen Tagesgeschehen angesiedelt sind. Im Gegenschluss ergibt sich die Aussage, dass der Wertbetrag der IT umso schwerer zu ermitteln ist, je weiter die Informationen im strategischen Bereich zu finden sind.

---

[31] Vgl. Becker, L. (2012): Wertschöpfung durch IT
[32] Ebd.
[33] Vgl. Friedrichsen, U. (2010)

3.2.3 Innovation und Differenzierung

EAM wird bedeutender, je mehr sich der Schwerpunkt von Kostenersparnis auf Innovation und Differenzierung verschiebt. Aus der Verschiebung kann Agilität[34] entstehen.[35] EAM schafft für Unternehmen einen Innovationsnutzen, indem zusätzliche Geschäftsmöglichkeiten durch völlig neue Geschäftsprozesse eröffnet werden oder verbesserte Prozesse die Qualität und Produktivität des Unternehmens erhöhen.[36] Dazu gehört z. B. die Reduktion von Kosten der IT, um Innovationen zu finanzieren. Die Unterstützung der Geschäftsprozesse durch moderne IT-Architekturen und aktuelle Technologien hilft, eine gute Position bei der Technologieführerschaft zu erlangen.[37]

3.2.4 Capability-Map

Die Capability oder auch Business Capability steht für den Ausdruck der Fähigkeiten, die eine Organisation oder ein Unternehmen benötigt, um Kernprozesse oder Geschäftsprozesse umzusetzen.[38] Durch den Einsatz von EAM wird eine Übersicht der Fähigkeiten aufgestellt, siehe dabei auch Abbildung 2. Damit werden die Beziehungen von Geschäfts- und Investitionsstrategie dokumentiert.[39] [40] Durch die Aufnahme der Informationen werden Möglichkeiten geschaffen, die Aussagefähigkeit über die IT-Strukturen zu verbessern. Die herausgearbeiteten Informationen bilden einen Teil der Grundlage, um eine IT-Struktur zu steuern.

Die Aufstellung der Business Capabilities kann im einfachsten Fall in Listenform erfolgen. Dabei geschieht die Verknüpfung der Applikation mit Informationen aus dem Rollen- bzw. Governance Modell des Unternehmens. Zusätzlich werden Informationen, wie stark die Abdeckung der Fähigkeiten ist, welche Qualität sie erfüllen

---

[34] Vgl. Onpulson.de GbR (2012): Agilität
[35] BITKOM Bundesverband Informationswirtschaft, Telekommunikation und neue Medien e. V. (2011): S. 11
[36] Ebd.
[37] Vgl. Keuntje, J. H.; Barkow, R. (2010): S. 300ff
[38] Vgl. SearchSOA.com (2012): business capability
[39] Ebd.
[40] Vgl. Heffner, R. (2012): Business Capability Architecture: Technology Strategy For Business Impact

und ob sie mehrfach vorhanden sind, gesammelt.[41] Die nachfolgende Tabelle 2 zeigt beispielhaft, welche Informationen in einer Capability-Übersicht geführt werden.

Feld	Bedeutung	Beispiele
Business Capability	Bezeichnung / Beschreibung der Business Capability	Mobiles Arbeiten der Außendienstmitarbeiter, insbesondere mobile Reklamations- und Auftragserfassung
Functional Area	Betriebswirtschaftlicher Funktionsbereich	Vertrieb
Businessorganisation	Bezeichnung des Fachbereiches	Vetrieb Deutschland
Functional Owner	Name des Fachbereichsverantwortlichen	Hans Meier
Timeframe	Zeitpunkt ab dem die Business Capability relevant ist	01.01.2011
Involves Application / Solution	aktuell genutzte Applikation	CRM003; ERP001; DWH-Sales005
Target Ranking	SOLL-Wert der Einstufung der capability z. B. Wert auf einer Skala von 0 (nicht vorhanden) bis 5 (hervorragend)	4
Actual Rating	IST-Wert der Einstufung der capability z. B. Wert auf einer Skala von 0 (nicht vorhanden) bis 5 (hervorragend)	1
Capability Gap	identifiziertes Capability Defizit	
Comment	stichpunktartige Beschreibung der Defizite	Stamm- und Bewegungsdaten veraltet und nicht konsistent; Reklamationsdaten nicht vorhanden; keine Möglichkeit der Online-Auftragserfassung

Tabelle 2 Struktur einer Business Capability Map[42]

Es lassen sich Informationen über Einsatzort, Qualität, und Verantwortung herauslesen. Die Antworten, die in der Tabelle 2 beispielhaft dargestellt werden, lassen sich durch die Fragestellungen des Zachman Frameworks herausarbeiten. Es wird deut-

---

[41] Vgl. Keuntje, J. H.; Barkow, R. (2010): S. 353
[42] Vgl. Keuntje, J. H.; Barkow, R. (2010): S. 354

lich, dass und in welcher Form der Einsatz von EA-Frameworks zum Informationsgewinn über eine IT-Infrastruktur beiträgt.

3.2.5 Profitabilität und Wertbeitrag von Enterprise Architecture Management

Durch den Einsatz von EA ergeben sich positive Auswirkungen für den Betrieb eines
Unternehmens. Es kann ein direkter Zusammenhang zwischen dem Einsatz von
EAM und der Profitabilität des Unternehmens nachgewiesen werden.[43]
Aus der verbesserten Transparenz sowie aus der verbesserten Steuerungsfähigkeit
der Unternehmen ergibt sich der Wertbetrag von EAM.[44] Das Unternehmen kann
sich schneller und umfassender an neue Marktsituationen anpassen.

3.2.6 Verwaltung von Assets

Die Verwaltung von Bestandteilen der technischen Infrastruktur ist ein Bereich, der
durch EAM Tools abgedeckt wird. Dabei wird der Zusammenhang zwischen der
IST-Architektur und der Zielarchitektur hergestellt. Ebenso werden Verbindungen zu
Geschäftsprozessen dargestellt, die auf die Infrastruktur zurück greifen.

3.2.7 IT-Governance in Enterprise Architektur

Die Enterprise Architektur wird durch einige wichtige Bestandteile definiert. EA
richtet sich nach:

- einem standardisiertem Vorgehen,
- einer gemeinsamen Sprache,
- einem gemeinsamen Modell,
- einer festgelegten Organisationsstruktur,
- dargestellten und definierten Prozessen und
- einem Governance-Modell.[45] [46]

---

[43] BITKOM Bundesverband Informationswirtschaft, Telekommunikation und neue Medien e. V.
(2011): S. 11
[44] Ebd.
[45] Gartner, Inc (2012): IT Governance (ITG)

Eine Architektur Governance ist notwendig für die Erstellung und den Betrieb einer Enterprise Architektur.

COBIT definiert: "IT Governance ist die Verantwortung von Führungskräften und Aufsichtsräten und besteht aus Führung, Organisationsstrukturen und Prozessen, die sicherstellen, dass die Unternehmens-IT dazu beiträgt, die Unternehmensstrategie und -ziele zu erreichen und zu erweitern."[47] Die Abbildung 4 stellt ein mögliches Governance-Modell dar.

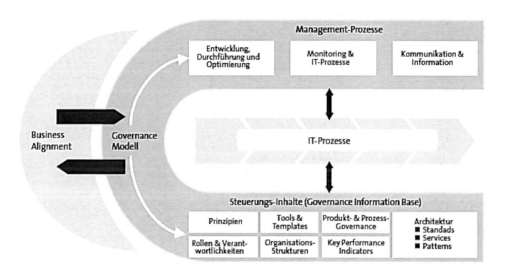

Abbildung 4 Architecture Governance[48]

Die Abbildung zeigt das Architekturentscheidungsgremium, z. B. wie ein Architektur Board auf alle Fachbereiche einwirkt. Dabei werden auch die Prozesse der IT dem erstellten Regelwerk unterworfen. Aus diesem Grund kann es sinnvoll sein, die Enterprise Architektur nicht dem Bereich des CIOs des Unternehmens unterzuordnen. In dem Modell werden Richtlinien festgelegt, um geplante Veränderungen festgelegten Standards des Unternehmens gegenüber zu stellen. Im Modell werden das genutzte Framework, die Rollen, die Verantwortlichkeiten und Services definiert.

Zusammenfassend werden in der folgenden Abbildung 5 die Ziele der EAM aus dem Absatz 3.2 nochmals grafisch dargestellt.

---

[46] Vgl. Nathan Garber & Associates (2012): Governance Models: What's Right for Your Board
[47] IT Governance Institute (2005): S. 6
[48] BITKOM Bundesverband Informationswirtschaft, Telekommunikation und neue Medien e. V. (2011)

Business-IT
Alignment
fördern

Flexibilität
erhöhen

Komplexität
beherrschen

Änderbarkeit

EAM

Kosten
optimieren

Risiken
minimieren

Komplexität

Nachhaltigkeit
ermöglichen

Transparenz
verbessern

Strategie und
Umsetzung
verbinden

Abbildung 5 Ziele Enterprise Architektur-Management [49]

Die Kapitel 2 und 3 zeigen die Notwendigkeit des Einsatzes von IT-Frameworks im Umgang mit komplexen IT-Infrastrukturen und Architekturen. Es wurden die Ziele der EAM herausgearbeitet.

4 Entwicklung eines angepassten Enterprise Architektur Frameworks für die Asset-Verwaltung

Ziel dieses Kapitels ist die Überprüfung der möglichen Verwendung von IT-Frameworks für den im Rahmen dieser Untersuchung herausgearbeiteten SOLL-Prozess der Asset-Verwaltung. Es werden einzelne IT-Frameworks mit dem SOLL-Prozess abgeglichen. Dabei wird der Prozess in der Business Process Model and Notation, im Weiteren mit BPMN abgekürzt, aufgenommen. Da die Darstellung des

---

[49] Vgl. Friedrichsen, U. (2010): S. 1

Prozesses der Asset-Verwaltung ein wichtiger Bestandteil bei der Untersuchung der verschiedenen Frameworks bildet, wird an dieser Stelle auf BPMN eingegangen.

Die BPMN ist eine grafische Beschreibungsmöglichkeit für die Darstellung von Geschäftsprozessen.[50] [51] Die BPMN Core und Layer Struktur wird durch die folgende Abbildung 6 dargestellt.

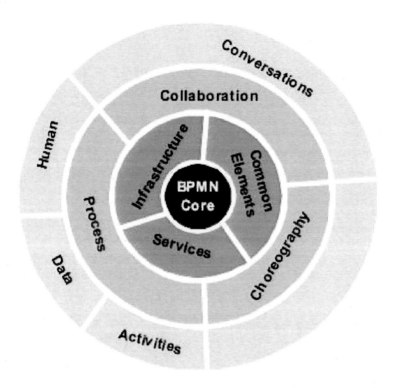

Abbildung 6 BPMN Core and Layer Structure[52]

Die Elemente bilden rund um den Kern die einzelnen Layer-Strukturen. Dabei sind Elemente der BPMN-Diagramme auf ihren Anwendungsebenen platziert.[53] Auf die absolut vollständige Semantik wird in der Darstellung des Asset-Management Prozesses verzichtet. Der Prozess befindet sich auf der strategischen Ebene und dient dem Verständnis und hat nicht die Generierung von Code zur Absicht.[54]

---

[50] Vgl. Freund, J. et al., (2010): S. 21f
[51] Vgl. Business Process Model and Notation.pdf, Stand 15.11.2012
[52] Ebd.
[53] Ebd.
[54] Vgl. Freund, J. et al., (2010): S. 119ff

4.1 Erstellung des SOLL-Prozesses im Asset-Management

Der folgende Abschnitt beschreibt den aufgenommenen SOLL-Prozess aus dem Bereich der Asset-Verwaltung. Dieser Prozess wird danach in den folgenden Kapiteln als Ausgangsbasis für die Untersuchungen der Anwendbarkeit und Nutzung von ausgewählten IT-Frameworks verwendet.

Für die Erstellung dieses Prozesses wurden im Rahmen dieser Studie Dokumentensichtungen von 17 Antragsformularen für die Bestellung von Assets, von Software, von Hardware, von Berechtigungen, von Ressourcen im Netzwerk vorgenommen. Ebenso wurden Anträge zur Servererrichtung und -einrichtung untersucht. Dabei wurde der nicht-elektronische Workflow des IST-Prozesses als Wegweiser genutzt. Die Ergebnisse der Dokumentensichtungen und die daraufhin geführten Befragungen der identifizierten und notwendigen Akteure stellen die Grundlage für den entwickelten SOLL-Prozess der Asset-Verwaltung dar.

Die Abbildung 7 stellt den SOLL-Prozess grafisch in BPMN dar. Es wurden bei der Erarbeitung des SOLL-Prozesses folgende Akteure definiert:

- der Anforderer gibt seine Anforderungen in den Prozess hinein,
- der Prozess Owner genehmigt und verantwortet die Anforderungen,
- der Service-Desk übernimmt die Umsetzung der Anforderungen,
- die Governance erstellt die Strukturen für die Prozesse, stellt das Portfolio auf und überwacht dieses,
- das Application Management übernimmt die technische Verantwortung und ist der zweite Teilnehmer im Genehmigungsprozess,
- der Einkauf ist für Verhandlungen und Preisgestaltung zuständig und
- die Lieferanten, die die Bestellungen der Organisation umsetzen.

Alle diese Teilnehmer werden durch den Prozess der Assetverwaltung miteinander verbunden.

Der SOLL-Prozess des Asset-Managements sieht vor, möglichst auf nicht-elektronische Kommunikation zu verzichten und die Workflows weitestgehend zu automatisieren. Dabei müssen die Vorgaben der IT-Strategie, der Governance, des Einkaufes und die Erwartungen der Nutzer in Übereinstimmung gebracht werden.

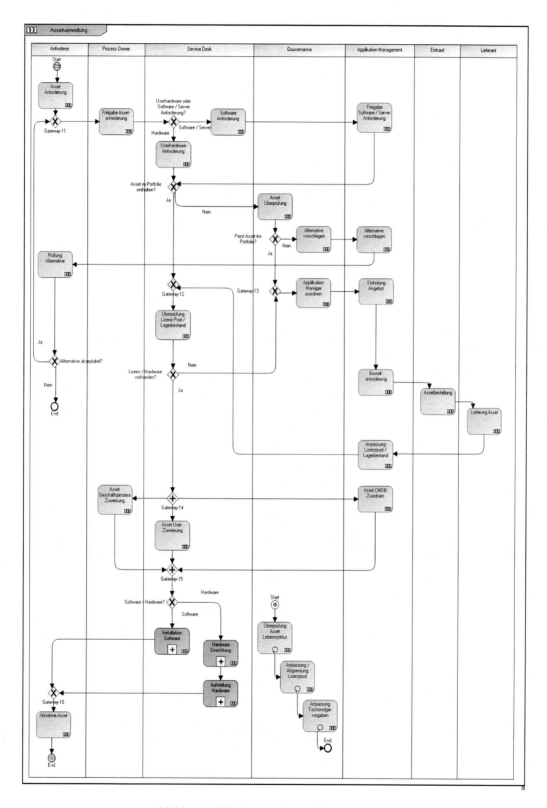

Abbildung 7 SOLL-Prozess Asset-Management

Die Tabelle 3 erläutert das Prozessbild aus der Abbildung 7. Dabei werden die Tasks mit Zahlen gekennzeichnet und die anderen Elemente des BPMN-Diagramms mit kleinen Buchstaben. Es wird in dem Prozess davon ausgegangen, dass die Anforderungen des Nutzers begründet und sinnvoll sind, dass keine Gründe zur Ablehnung der Anforderung existieren und dass der Einkauf ebenfalls keine Einwände für die Abarbeitung des Prozesses hat. Eventuell notwendige Rückabwicklungen werden zur besseren Übersichtlichkeit in diesem Prozessabbild nicht dargestellt.

Nr.	Grafische Darstellung	Bezeichnung	Aufgabenbeschreibung
a	Start	Start	Der SOLL-Prozess startet durch das Versenden einer Nachricht.
1	Asset Anforderung	Asset-Anforderung	Die Asset-Anforderung bildet den ersten Task im Prozess. Die Anforderung des Nutzers wird aufgenommen.
b	Exklusives Gateway	Gateway-11	Nach der Aufgabe Asset-Anforderung gelangt das Token in das Gateway-11. Dieses wird ohne Aktion durchlaufen.
2	Freigabe Asset-anforderung	Freigabe Asset Anforderung	In der Aufgabe Freigabe Asset-Anforderung bekommt der Prozess-Owner, in der Regel der personelle Vorgesetzte des Anforderers, die Anforderung zur Genehmigung.
c	Exklusives Gateway	Userhardware oder Software / Server Anforderung?	Das Gateway entscheidet je nach vorliegenden Daten, wie der Prozess weitergeführt wird.
3	Software Anforderung	Software Anforderung	Bei der Aufgabe der Softwareanforderung wird das Token automatisiert zum Application-Manager weitergeleitet, um den zweistufigen Genehmigungsprozess zu realisieren.
4	Freigabe Software / Server Anforderung	Freigabe Software / Server Anforderung	Der Application-Manager vervollständigt den Genehmigungsprozess und leitet die genehmigte Anforderung weiter.
d	Exklusives Gateway	Asset im Portfolio enthalten?	Im Gateway wird das Token je nach Auswertung des Portfolios zum nächsten Task dirigiert.
5	Userhardware Anforderung	Userhardware Anforderung	Asset-Anforderung des User ist Hardware.
d	Exklusives Gateway	Asset im Portfolio enthalten?	Im Gateway wird das Token je nach Auswertung des Portfolios zum nächsten Task gelenkt.

Nr.	Grafische Darstellung	Bezeichnung	Aufgabenbeschreibung
6	Asset Überprüfung	Asset Überprüfung	Wenn das Asset nicht im Unternehmensportfolio enthalten ist, überprüft die Governance die Anforderung.
e	Exklusives Gateway	Passt die Sóftware ins Porfolio?	Die Anforderung wird mit dem Portfolio und den dafür geplanten Entwicklungen und Strategien abgeglichen.
7	Alternative vorschlagen	Alternative vorschlagen	Die Governance erarbeitet einen Vorschlag als Alternative.
8	Alternative vorschlagen	Alternative vorschlagen	Vorschlag der Governance wird durch das Application-Management überprüft und bestätigt.
9	Prüfung Alternative	Prüfung Alternative	Die Alternative wird vom Anforderer geprüft.
e	Exklusives Gateway	Alternative aktzeptabel	Wenn die Alternative die Anforderungen des Anforderers abdeckt beginnt der Prozess der Anforderung nochmals bei Element **b**. Bei negativem Bescheid endet der SOLL-Prozess.
d	Exklusives Gateway	Asset im Portfolio enthalten?	Im Gateway wird das Token je nach Auswertung des Portfolios zum nächsten Task gelenkt.
f	Exklusives Gateway	Gateway-12	Nach Durchlaufen des Elements **e** gelangt das Token nach der positiven Entscheidung in das Gateway-12. Dieses wird ohne Aktion durchlaufen.
10	Überprüfung Lizenz Pool / Lagerbestand	Überprüfung Lizenz Pool / Lagerbestand	Die Lizenzen oder der Lagerbestand werden durch den Service-Desk geprüft.
g	Exklusives Gateway	Lizenz / Hardware vorhanden?	Der Lagerbestand oder die vorhanden Lizenzen werden geprüft.
h	Exklusives Gateway	Gateway-13	Knotenpunkt als Einstieg zur Aufgabe **11**.
11	Application Manager zuordnen	Application-Manager zuordnen	Die Governance ordnet der Applikation einen Application-Manager zu.
12	Einholung Angebot	Einholung Angebot	Der Application-Manager holt ein Angebot für die Assets ein.
13	Bestellanforderung	Bestellanforderung	Der Application-Manager legt eine Bestellanforderung mit dem Angebot an.
14	Assetbestellung	Asset-Bestellung	Der Einkauf bestellt das Asset.
15	Lieferung Asset	Lieferung Asset	Der Lieferant liefert das Asset.

Nr.	Grafische Darstellung	Bezeichnung	Aufgabenbeschreibung
16	Anpassung Lizenzpool / Lagerbestand	Anpassung Lizenzpool / Lagerbestand	Der Application-Manager passt nach der Lieferung den Lagerbestand bzw. den Lizenzpool an und sendet das Token zum Gateway 12 – Element **f.**
f	Exklusives Gateway	Gateway-12	Nach durchlaufen des Elements **e** gelangt das Token nach der positiven Entscheidung in das Gateway-12. Dieses wird ohne Aktion durchlaufen.
10	Überprüfung Lizenze Pool / Lagerbestand	Überprüfung Lizenz Pool / Lagerbestand	Die Lizenzen oder der Lagerbestand werden durch den Service-Desk geprüft.
g	Exklusives Gateway	Lizenz / Hardware vorhanden?	Der Lagerbestand oder die vorhanden Lizenzen werden geprüft.
i	Paralleles Gateway	Gateway 14	Das Token teilt sich in 3 Token auf. Diese gehen parallel zu den nächsten Prozessschritten.
17	Asset Geschäftsprozess Zuweisung	Asset Geschäftsprozess Zuweisung	Das Asset wird durch den Prozess-Owner dem Geschäftsprozess zugewiesen.
18	Asset User Zuweisung	Asset User Zuweisung	Das Asset wird einem User zugewiesen.
19	Asset CMDB Zuordnen	Asset CMDB Zuordnen	Das Asset wird in der CMDB zugeordnet.
k	Paralleles Gateway	Gateway 15	Die 3 Token werden synchronisiert und zu einem Token zusammengefasst.
l	Exklusives Gateway	Software / Hardware?	Je nach der Entscheidung ob Software oder Hardware geht das Token im Prozess weiter.
20	Installation Software	Installation Software	Softwareinstallationsprozess.
21	Hardware Einrichtung	Hardware Einrichtung	Hardware wird eingerichtet.
22	Aufstellung Hardware	Aufstellung Hardware	Hardware wird aufgestellt.
m	Exklusives Gateway	Gateway 10	Token werden durchgeleitet.
23	Abnahme Asset	Abnahme Asset	Der Anforderer nimmt das gelieferte oder installierte Asset ab.
n	End	Terminierung	Der SOLL-Prozess ist am Ende. Alle eventuell noch im Prozess befindlichen Token werden aufgelöst.

Nr.	Grafische Darstellung	Bezeichnung	Aufgabenbeschreibung
Zusätzlich zum eigentlichen SOLL-Prozess des Asset-Managements findet ein kontinuierlicher Prozess in der Asset-Verwaltung statt.			
0		Starterereignis mit Zeitintervall	Zusätzlich zum eigentlichen SOLL-Prozess findet ein kontinuierlicher Prozess in der Asset-Verwaltung statt.
24	Überprüfung Asset Lebenszyklus	Überprüfung Asset Lebenszyklus	Überprüfung Asset Lebenszyklus
25	Anpassung / Abgrenzung Lizenzpool	Anpassung / Abgrenzung Lizenzpool	Anpassung / Abgrenzung Lizenzpool
26	Anpassung Technologievorgaben	Anpassung Technologievorgaben	Anpassung Technologievorgaben
p	End	Ende	

Tabelle 3 Prozessbeschreibung SOLL-Prozess Asset-Management

4.2 Enterprise Architektur Frameworks

Neben den nachfolgend verwendeten vorgefertigten IT-Frameworks von Software-herstellern gibt es eine alternative Möglichkeit, Unternehmensarchitektur zu beschreiben und zu nutzen. Diese Möglichkeit wird nachfolgend nicht weiter untersucht, soll aber nicht unerwähnt bleiben.

Es ist in Ansätzen möglich, EA z. B. mit Standard-Office Applikationen zu beschreiben und die Vorgaben und Werte aus der agilen Programmierung[55] auch für die Implementierung von EAM-Software einzusetzen. Je größer die verwalteten Datenmengen und Informationen werden, desto komplizierter wird es, die Aktualität der Daten zu nachzuhalten.[56]

Um Enterprise Architektur in einem Unternehmen einzusetzen, empfiehlt sich der Einsatz von abgestimmten Frameworks und Methoden. Dabei wird in der EA eine Reihe von Frameworks unterstützt.

Ziel dieser Untersuchung ist es, ein Vorgehensmodell für die Einführung einer EAM-Software zu erstellen. Darum ist es notwendig, an dieser Stelle auf EA-Frameworks

---

[55] Vgl. Beck, K. et al., (2012): Manifesto for Agile Software Development
[56] Vgl. Friedrichsen, U.; Schrewe, I. (2010): S. 2

einzugehen, die die EAM Software "MEGA Suite" verwendet. Für den Einsatz in einem deutschen Unternehmen, das keinen militärischen Hintergrund hat, sind die wichtigsten genutzten Frameworks in der „MEGA Suite" das Zachman Framework und TOGAF.

4.2.1 Zachman Framework

Das Zachman Framework ist ein Framework, um IT Enterprise Architektur aufzunehmen. Es bietet einen Einstieg in die EA und sollte bei allen Überlegungen zur Nutzung von Frameworks mit einbezogen werden.[57]

Das Zachman Framework wurde 1987 von John Zachman vorgestellt. Es ist ein IT-Framework zur Entwicklung von domän-neutralen IT-Informationssystemen. Das Zachman-Framework ist von der beschreibenden Architektur von Gebäuden, Fahrzeugen oder Produkten abgeleitet. Die abgeleiteten Ergebnisse werden meist in einer 6 x 6 Matrix dargestellt, wie die Tabelle 4 zeigt. Im Kopf werden einfache Fragen nach dem Was?, Wie?, Wo?, Wer?, Wann? und Warum? gestellt. In der Senkrechten werden die unterschiedlichen Sichten der in einem Architekturmodell aufzufindenden Rollen aufgeführt. Die Schnittpunkte bilden die Antworten der Fragen gegenüber den Rollen und dienen der Beschreibung der Architektur eines Unternehmens.[58]

	Structure (What)	Activities (How)	Locations (Where)	People (Who)	Time (When)	Motivation (Why)
Objectives/ Scope (Planner View)	Most significant business concepts	Mission	Internal view of where organization operatives	Human resource philosophies and strategies	Annual planning	Enterprise Vision
Enterprise Model (Business Owner´s View)	Business languages used	Strategies and high level business processes	Offices and relationships between them	Positions and relationships between positions	Business events	Goals, objectives, business policies

[57] Vgl. Hanschke, I. (2009): S. 63
[58] Vgl. John, A. Z. (2012): John Zachman's Concise Definition of The Zachman Framework™

	Structure (What)	Activities (How)	Locations (Where)	People (Who)	Time (When)	Motivation (Why)
Model of fundamental Concepts (Architect´s View)	Specific entities and relationships between them	Business functions and tactics	Roles played in each location and relationships between roles	Actual and potential interactions between people	System events	Detailed business rules
Technology Model (Designer´s View)	System representation of entities and relationships	Program functions / operations	Hard-ware, Network, middle-ware	User interface design	System triggers	Business rule design
Detailed Representation (Builder´s View)	Implementation strategy for entities and relationships	Implementation design of functions / operations	Protocols, hardware, components, deployed software items	Implementation of user interfaces	Implementation of system triggers	Implementation of business rules
Functioning System	Classes, components, tables	Deployed functions / operations	Deployed hardware, middleware and software	Deployed user interfaces (including documentation)	Deployed system	Deployed software

Tabelle 4 Zachman Framework[59]

Das Zachman Framework liefert einen Rahmen, um die richtigen und notwendigen Antworten über ein Architekturmodell zu erhalten, diese zu strukturieren und dann in EA-Software zu überführen.

Die Besonderheit des Zachman Frameworks stellt die Möglichkeit dar, die Zeilen und Spalten separat voneinander zu betrachten, auszuwerten und zu nutzen.

Nicht nur IT-Strukturen und -Architekturen werden mit Hilfe des Frameworks von Zachman beschrieben. Seit dem Anfang der 90er Jahre werden komplexe Industrieprojekte mit Hilfe des Zachman Framework untersucht und dargestellt.

Nachteilig ist die fehlende Integration von bestehenden Infrastrukturen in das Framework.[60]

---

[59] Vgl. John, A. Z. (2012): John Zachman's Concise Definition of The Zachman Framework™
[60] Vgl. Aier S.; Schönherr, M. (2006): S. 28ff

4.2.2 Gegenüberstellung SOLL-Prozess – Asset-Management – Zachman Framework

Um die Nutzung des Zachman Frameworks in Verbindung mit dem aufgestellten SOLL-Prozess zu überprüfen und darzustellen, ob das Framework Möglichkeiten besitzt, die einzelnen Prozessschritte zu beschreiben, wird im Anschluss die Tabelle 5 herausgearbeitet. Dabei wird versucht, jedem Prozessschritt eine oder mehrere Entsprechungen im Framework zuzuordnen.

Nr.	Aufgabe	Kann die Aufgabe abgebildet werden?	Wie/Wo wird die Aufgabe im Framework abgebildet?
1	Asset Anforderung	JA	Arbeitsorganisation (Rolle Nutzer / Personen)
2	Freigabe Asset Anforderung	JA	Arbeitsablaufmodell (Rolle Besitzer / Personen)
3	Software Anforderung	JA	Arbeitsablaufmodell (Rolle Besitzer / Personen)
4	Freigabe Software / Server Anforderung	JA	Arbeitsablaufmodell (Rolle Besitzer / Personen)
5	Userhardware Anforderung	JA	Arbeitsablaufmodell (Rolle Besitzer / Personen)
6	Asset Überprüfung	JA	Physische Daten (Rolle Builder / Daten)
7	Alternative vorschlagen	JA	Physische Daten (Rolle Builder / Daten) Technologiedesignmodell (Rolle Builder / Funktion)
8	Alternative vorschlagen	JA	Physische Daten (Rolle Builder / Daten) Technologiedesignmodell (Rolle Builder / Funktion)
9	Prüfung Alternative	JA	Anwendungszweck (Rolle Nutzer / Funktion)
10	Überprüfung Lizenz Pool / Lagerbestand	JA	Geschäftslogistiksystem (Roller Besitzer / Netzwerk)
11	Application-Manager zuordnen	JA	Arbeitsablaufmodell (Rolle Besitzer / Personen)
12	Einholung Angebot	JA	Geschäftsprozessmodell (Rolle Besitzer / Funktion)
13	Bestellanforderung	JA	Geschäftsprozessmodell (Rolle Besitzer

28

Nr.	Aufgabe		Kann die Aufgabe abgebildet werden?	Wie/Wo wird die Aufgabe im Framework abgebildet?
				/ Funktion)
14	Assetbestellung		JA	Geschäftsprozessmodell (Rolle Besitzer / Funktion)
15	Lieferung Asset		JA	Geschäftsprozessmodell (Rolle Besitzer / Funktion)
16	Anpassung Lizenzpool / Lagerbestand	Anpassung Lizenzpool / Lagerbestand	JA	Datenmodell/ Objektmodell (Rolle Besitzer / Daten)
17	Asset Geschäftsprozess Zuweisung	Asset Geschäftsprozess Zuweisung	JA	Geschäftsprozessmodell (Rolle Besitzer / Funktion)
18	Asset User Zuweisung	Asset User Zuweisung	JA	Geschäftslogistiksystem (Rolle Besitzer / Netzwerk) Arbeitsablaufmodell (Rolle Besitzer / Personen)
19	Asset CMDB Zuordnen	Asset CMDB Zuordnen	JA	Physische Daten/ Klassenmodell (Rolle Builder / Daten)
20	Installation Software	Installation Software	JA	Arbeitsorganisation (Rolle Nutzer / Personen)
21	Hardware Einrichtung	Hardware Einrichtung	JA	Arbeitsorganisation (Rolle Nutzer / Personen)
22	Aufstellung Hardware	Aufstellung Hardware	JA	Arbeitsorganisation (Rolle Nutzer / Personen)
23	Abnahme Asset	Abnahme Asset	JA	Arbeitsorganisation (Rolle Nutzer / Personen)
24	Überprüfung Asset Lebenszyklus	Überprüfung Asset Lebenszyklus	JA	Konzeptionell Datenmodell/ Objektmodell (Rolle Besitzer / Daten) Geschäftsprozessmodell (Rolle Besitzer / Funktion)
25	Anpassung / Abgrenzung Lizenzpool	Anpassung / Abgrenzung Lizenzpool	JA	Physische Daten (Rolle Builder / Daten)
26	Anpassung Technologievorgaben	Anpassung Technologievorgaben	JA	Physische Daten/ Klassenmodell (Rolle Builder / Funktion) (Rolle Builder / Netzwerk)

Tabelle 5 Gegenüberstellung SOLL-Prozess – Zachman Framework

Die Tabelle 5 zeigt, dass jeder Prozessschritt des Beispielprozesses mit dem Zachman Framework beschrieben werden kann. Damit eignet sich dieses Framework zur Beantwortung von Fragen im Zusammenhang mit Enterprise Architektur im Allgemeinen und dem Prozess der Assetverwaltung im Besonderen.

4.2.3 The OpenGROUP Architecture Framework

Nach dem in den vorherigen Absätzen auf das Zachman Framework eingegangen wurde, wird nun das TOGAF Framework betrachtet. Ebenso wie das Zachman Framework ist es in die „MEGA Suite" integriert, für dessen Nutzung mit dieser Untersuchung ein Leitfaden erstellt werden soll.

TOGAF wird von der OpenGROUP entwickelt und gepflegt. Die OpenGROUP ist ein Zusammenschluss von IT-Firmem und Interessenverbänden, die gemeinsam herstellerunabhängige IT-Standards entwickeln und pflegen. Zur OpenGROUP gehören zur Zeit 406 Firmen und Vereinigungen.[61] Einer der von der OpenGROUP definierten Standards ist TOGAF. TOGAF wurde auf der Basis des „Technical Architecture Framework for Information Management" TAFIM aufgebaut. 1995 wurde die erste Version von TOGAF freigegeben[62]. Die derzeit aktuelle Version des Frameworks ist die Version 9.1.[63] Diese Version ist im Dezember 2011 von der OpenGROUP veröffentlicht worden.

Bei der Beschreibung der Architekturen unterscheidet TOGAF 9.1 nur noch zwischen zwei Typen – den Unternehmens- und Architektur Prinzipien. Die IT-Prinzipien, die bis zur Version 9.0 separat behandelt wurden, sind nun Bestandteil der Unternehmensprinzipien.[64]

Das TOGAF Framework unterstützt vier Arten von Architekturtypen:

- Business Architecture – mit der Business Strategie, der Organisation und der Governance,
- Data Architecture – die Struktur der logischen und physischen Daten,
- Application Architecture – der Rahmen für individuelle Applikationen und deren Verknüpfungen in die Business Prozesse und

---

[61] Vgl. The OpenGroup (2012): http://www.opengroup.org
[62] Vgl. Hanschke, I. (2009): S. 63
[63] Vgl. The Open Group (2012): TOGAF® Version 9.1
[64] Vgl. Architecting The Enterprise Ltd. (2012): Über TOGAF®

30

- Technology Architecture – logische Software- und Hardware-Übersicht, der Daten und Services.[65]

Die Abbildung 8 stellt den Architekturentwicklungsprozess dar. Dabei werden 8 Phasen unterschieden. Das zyklische Durchlaufen der Phasen und die in den Abschnitten enthaltenen Aufgaben entwickeln die Architektur des Unternehmens kontinuierlich weiter. In der Phase A werden die Ziele und Stakeholder der Unternehmensarchitektur definiert, die Phasen B bis D beschreiben die Geschäfts-, Daten-, Informations- und Technologiearchitektur. Aufgaben, Projekte und Ziele werden in der Phase E fixiert. Die Phase F beschreibt die Migration der Elemente aus der Phase E. Phase G dient der Überwachung. In der Phase H werden die Anforderungen und externen Einflüsse zusammengeführt. Alle Phasen in ihrer Gesamtheit bilden die Informationen für den nächsten Durchlauf der „Architecture Development Method", im Weiteren mit ADM abgekürzt.[66]

Die Abbildung 8 wird im nächsten Kapitel ebenfalls die Grundlage bilden, um das Framework zu untersuchen. ADM steht dabei für „Architecture Development Method".

---

[65] Vgl. togaf9.1whitepaper.pdf, Stand 02.10.2012
[66] Vgl. The Open Group (2012): S. 1-46

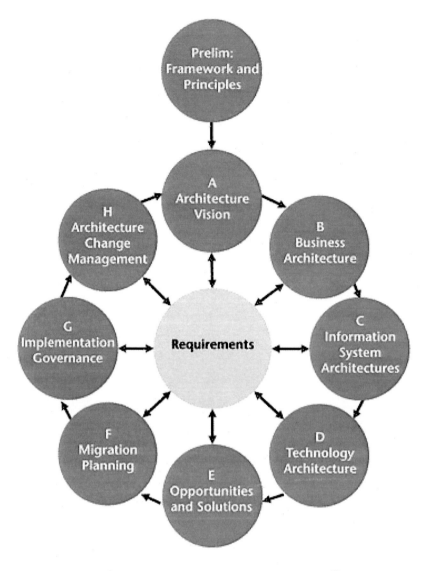

Abbildung 8 TOGAF Entwicklungsmethode - ADM[67]

4.2.4 Gegenüberstellung SOLL-Prozess – Asset-Management – TOGAF

An dieser Stelle wird die Nutzung von TOGAF in Verbindung mit dem aufgestellten Beispielprozess überprüft. Auch in diesem Kapitel wird ein ausgewähltes Framework dargestellt und begutachtet, ob das Framework die benötigten Prozessschritte abbilden und unterstützen kann. Diese gesammelten Informationen werden in Tabelle 6

---

[67] Vgl. The Open Group (2012): TOGAF Archtecture Development Method (ADM)

gegliedert. In dieser Tabelle wird versucht jedem Prozessschritt eine oder mehrere Entsprechungen im Framework zuzuordnen.

Nr.	Aufgabe	Kann die Aufgabe abgebildet werden?	Wie/Wo wird die Aufgabe im Framework abgebildet?
1	Asset Anforderung	JA	Business Architecture, Data Architektur / ADM - Phase C – Information System Architectures
2	Freigabe Asset Anforderung	JA	Business Architecture / ADM - Phase G - Implementation Gouvernance
3	Software Anforderung	JA	Business Architecture / ADM - Phase C – Information System Architectures, ADM - Phase D – Technology Architecture
4	Freigabe Software / Server Anforderung	JA	Business Architecture / ADM - Phase C – Information System Architectures, ADM - Phase D – Technology Architecture
5	Userhardware Anforderung	JA	Data Architecture / Application Architecture / ADM - Phase C – Information System Architectures, ADM - Phase D – Technology Architecture
6	Asset Überprüfung	JA	ADM - Phase D – Technology Architecture
7	Alternative vorschlagen	JA	ADM - Phase D – Technology Architecture, ADM - Phase E – Opportunities and Solotions
8	Alternative vorschlagen	JA	ADM - Phase D – Technology Architecture, ADM - Phase E – Opportunities and Solotions
9	Prüfung Alternative	NEIN	
10	Überprüfung Lizenz Pool / Lagerbestand	NEIN	
11	Application-Manager zuordnen	JA	ADM - Phase G - Implementation Gouvernance
12	Einholung Angebot	NEIN	wird durch ERP-Software automatisiert abgebildet

Nr.		Aufgabe	Kann die Aufgabe abgebildet werden?	Wie/Wo wird die Aufgabe im Framework abgebildet?
13	Bestell-anforderung	Bestellanforderung	NEIN	wird durch ERP-Software automatisiert abgebildet
14	Assetbestellung	Asset-Bestellung	NEIN	wird durch ERP-Software automatisiert abgebildet
15	Lieferung Asset	Lieferung Asset	NEIN	wird durch ERP-Software automatisiert abgebildet
16	Anpassung Lizenzpool / Lagerbestand	Anpassung Lizenzpool / Lagerbestand	NEIN	wird durch ERP-Software automatisiert abgebildet
17	Asset Geschäftsprozess Zuweisung	Asset Geschäftsprozess Zuweisung	JA	ADM - Phase B –Business Architecture, ADM - Phase C – Information System Architectures
18	Asset User Zuweisung	Asset User Zuweisung	JA	ADM - Phase C – Information System Architectures
19	Asset CMDB Zuordnen	Asset CMDB Zuordnen	NEIN	
20	Installation Software	Installation Software	NEIN	
21	Hardware Einrichtung	Hardware Einrichtung	NEIN	
22	Aufstellung Hardware	Aufstellung Hardware	NEIN	
23	Abnahme Asset	Abnahme Asset	NEIN	
24	Überprüfung Asset Lebenszyklus	Überprüfung Asset Lebenszyklus	JA	ADM - Phase E - Opportunities and Solutions, ADM – Phase F – Migation Plannung
25	Anpassung / Abgrenzung Lizenzpool	Anpassung / Abgrenzung Lizenzpool	JA	ADM - Phase E - Opportunities and Solutions, ADM – Phase F – Migation Plannung
26	Anpassung Technologie-vorgaben	Anpassung Technologie- vorgaben	JA	ADM - Phase E - Opportunities and Solutions, ADM – Phase F – Migation Plannung, ADM Phase H – Architecture Change Management

Tabelle 6 Gegenüberstellung SOLL-Prozess – TOGAF[68]

---

[68] Vgl. The Open Group (2012): TOGAF® Version 9.1

In der zuvor dargestellten Tabelle 6 wird deutlich, dass das TOGAF Framework einen breiten Bereich der Prozessübersicht abdeckt. Es wird aber ebenso deutlich, dass es, um den Prozess vollständig zu unterstützen, notwendig ist, zusätzliche IT-Frameworks zu nutzen, da nicht alle notwendigen Prozessschritte allein durch das TOGAF Framework umgesetzt werden können.

4.3 IT-Frameworks außerhalb der Enterprise Architektur

Der Abgleich des SOLL-Prozesses hat ergeben, dass das Zachman Framework alle Prozessanforderungen abdeckt, das TOGAF Framework jedoch nicht. Darum ist es notwendig, zusätzliche Frameworks zu untersuchen. Der Abgleich des Prozesses wird nun mit zwei weiteren IT-Frameworks fortgesetzt.

4.3.1 IT-Infrastructure Library

ITIL ist eine Sammlung von „Good Practices"[69] bei der Umsetzung von IT-Serviceprozessen. Es beschreibt die Werkzeuge und Prozesse, die für den Betrieb einer IT-Landschaft notwendig sind. Dabei ist ITIL in fünf Bereiche untergliedert. Diese 5 Bereiche[70]:

- Servicestrategie – Ausgangspunkt für die Aktivitäten des Lifecycles, stellt die Orientierung an den Business Anforderungen sicher, definiert Ziele und Kosten,
- Serviceentwicklung – setzt Vorgaben der Strategie um und stellt selber Vorgaben für Services auf,
- Serviceinbetriebnahme – stellt den Übergang von Services in die Businessumgebung sicher, behandelt Bereiche des Risiko Managements und der Unternehmenskultur,
- Servicebetrieb – Abbildung des täglicher Betriebs, der Lieferung von Services an die Kunden, das Incident- und Problem Management sowie das Application Management und das Technical Management,

---

[69] Vgl. Beims, M. (2009): S. 11ff
[70] Vgl. itSMF_An_Introductory_Overview_of_ITIL_V3.pdf, Stand 06.10.2012 S 12-34

- kontinuierliche Serviceverbesserung – die Anwendung von KVP und dem Qualitätsmanagement werden in das Framework integriert.

Die ITIL Teilbereiche werden in je einem Buch behandelt. Der defacto Standard ITIL wurde in den 80er Jahren durch die Central Computing and Telecommunications Agency definiert,[71] bis 2010 durch das Office of Government Commerce betreut und derzeit durch Her Majesty's Government weiterentwickelt. Aktuell ist die ITIL 2011 Version von ITIL V3.[72] Die nachfolgende Abbildung 9 zeigt das Ineinandergreifen der einzelnen ITIL Bereiche und die Anordnung um die Service Strategie. ITIL in der Version 3 hat den Geschäftsprozess und dessen Wertschöpfung im Mittelpunkt.

Die Abbildung 9 zeigt ebenso die Übergänge zwischen den einzelnen Servicebereichen und den Einschluss der Bereiche Service Operation, Service Design und Service Transition durch das Continual Process Improvement. Der Kreislauf von ITIL ist vergleichbar mit dem kontinuierlichen Verbesserungsprozess (KVP). Dieser Verbesserungsprozess wurde in Verbindung mit dem Plan-Do-Check-Act (PDCA) Kreislauf, der zuerst von Walter A. Shewhart in den dreißiger Jahren entworfen und von Edwards Deming[73] [74]weiterentwickelt wurde, geschaffen.[75]

[71] Vgl. ITIL_The_Basics.pdf, Stand 06.10.2012 S. 3-5
[72] Vgl. APM Group Ltd (2012): What is ITIL?
[73] Vgl. Deutsches Herzzentrum München (2012): Der PDCA Cycle
[74] Vgl. Beims, M. (2009): S. 43
[75] Vgl. The University of Chicago (2012): IT Service Management Initiatives

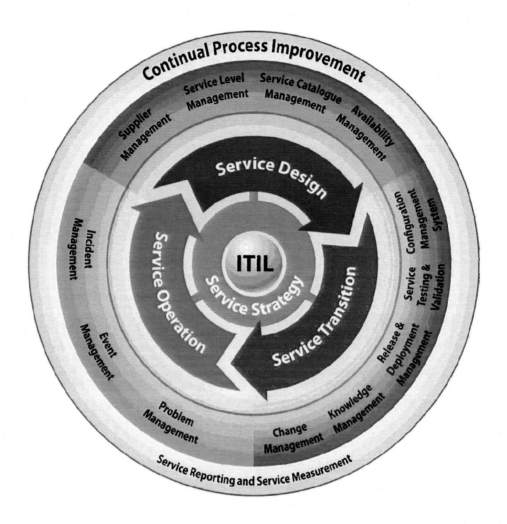

Abbildung 9 ITIL V3 Life Cycle[76]

4.3.2 Gegenüberstellung SOLL-Prozess – Asset-Management – ITIL

Nachdem in den vorangegangenen Kapiteln zwei EA-Frameworks auf ihre Anwendung und Nutzbarkeit in dem Beispielprozess des Asset-Managements geprüft wurden, wird dieser Prozess nun an einem außerhalb der EA stehenden IT-Rahmenwerk wiederholt. Diese gewonnen Daten werden in der Tabelle 7 aufbereitet. Es wird versucht, jedem Prozessschritt Entsprechungen des Frameworks zuzuordnen.

---

[76] Vgl. The University of Chicago (2012): IT Service Management Initiatives

Nr.		Aufgabe	Kann die Aufgabe abgebildet werden?	Wie/Wo wird die Aufgabe im Framework abgebildet?
1	Asset Anforderung	Asset Anforderung	JA	Service Transition / Change Management
2	Freigabe Asset-anforderung	Freigabe Asset Anforderung	JA	Service Transition / Change Management
3	Software Anforderung	Software Anforderung	JA	Service Transition / Change Management
4	Freigabe Software / Server Anforderung	Freigabe Software / Server Anforderung	JA	Service Transition / Change Management
5	Userhardware Anforderung	Userhardware Anforderung	JA	Service Transition / Change Management
6	Asset Überprüfung	Asset Überprüfung	JA	Service Transition / Release & Deployment Management
7	Alternative vorschlagen	Alternative vorschlagen	JA	Service Transition / Release & Deployment Management
8	Alternative vorschlagen	Alternative vorschlagen	JA	Service Transition / Release & Deployment Management
9	Prüfung Alternative	Prüfung Alternative	JA	Service Transition / Release & Deployment Management
10	Überprüfung Lizenz Pool / Lagerbestand	Überprüfung Lizenz Pool / Lagerbestand	JA	Service Transition / Release & Deployment Management
11	Application Manager zuordnen	Application-Manager zuordnen	JA	Service Operation
12	Einholung Angebot	Einholung Angebot	NEIN	wird durch ERP-Software automatisiert abgebildet
13	Bestell-anforderung	Bestellanforderung	NEIN	wird durch ERP-Software automatisiert abgebildet
14	Assetbestellung	Asset-Bestellung	NEIN	wird durch ERP-Software automatisiert abgebildet
15	Lieferung Asset	Lieferung Asset	NEIN	wird durch ERP-Software automatisiert abgebildet
16	Anpassung Lizenzpool / Lagerbestand	Anpassung Lizenzpool / Lagerbestand	JA	Service Transition / Release & Deployment Management
17	Asset Geschäftsprozess Zuweisung	Asset Geschäftsprozess Zuweisung	NEIN	
18	Asset User Zuweisung	Asset User Zuweisung	JA	Service Transition / Configuration Management System
19	Asset CMDB Zuordnen	Asset CMDB Zuordnen	JA	Service Transition / Configuration Management System
20	Installation Software	Installation Software	JA	Service Transition / Release & Deployment Management
21	Hardware Einrichtung	Hardware Einrichtung	JA	Service Transition / Service Testing & Validation
22	Aufstellung Hardware	Aufstellung Hardware	JA	Service Transition / Service Testing & Validation

Nr.		Aufgabe	Kann die Aufgabe abgebildet werden?	Wie/Wo wird die Aufgabe im Framework abgebildet?
23	Abnahme Asset	Abnahme Asset	JA	Service Transition / Service Testing & Validation
24	Überprüfung Asset Lebenszyklus	Überprüfung Asset Lebenszyklus	JA	Service Strategy
25	Anpassung / Abgrenzung Lizenzpool	Anpassung / Abgrenzung Lizenzpool	JA	Service Transition / Release & Deployment Management
26	Anpassung Technologie-vorgaben	Anpassung Technologie- vorgaben	JA	Service Strategy, Service Transition / Release & Deployment Management

Tabelle 7 Gegenüberstellung SOLL-Prozess – ITIL

Die Tabelle 7 zeigt, dass das ITIL Framework, ebenso wie das TOGAF Framework, große Prozessteile unterstützt. Vollständig wird der Prozess aber nicht abgedeckt. Bei der Nutzung von ITIL für die Prozessunterstützung ist es notwendig, weitere IT-Frameworks einzusetzen.

4.3.3 Control Objectives for Information and Related Technology

„Control Objectives for Information and Related Technology", im Weiteren mit COBIT abgekürzt, dient als IT-Framework der Ausrichtung der IT an den Zielen des Unternehmens. Die Unternehmensziele werden dabei mit Hilfe einer Balanced Score Card des Unternehmens definiert.

COBIT wird als Ergänzung zum ITIL-Framework und zu EA-Frameworks gesehen. Dabei wird es als Kontrollsystem eingesetzt und ergänzt dadurch die anderen IT-Frameworks und Werkzeuge.[77] COBIT wird durch die ISACA entwickelt und betreut. Die aktuelle Version von COBIT, veröffentlicht im Juni 2012, ist die Version COBIT 5 for Information Security.[78] COBIT 5 betrachtet nicht mehr nur die IT, sondern das ganze Unternehmen inklusive den Geschäftsprozessen.[79] Die folgende Abbildung 10 zeigt eines der zentralen Elemente der neue COBIT Version.

---

[77] Vgl. Beims, M. (2009): S. 217ff
[78] Vgl. ISACA (2012): ISACA Issues COBIT 5 for Information Security
[79] Vgl. IDG BUSINESS MEDIA GMBH München (2012): Zehn Wahrheiten zu COBIT 5

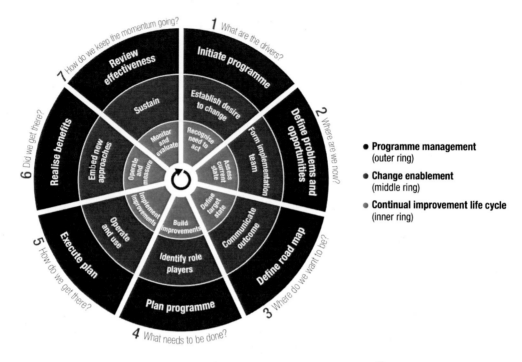

- **Programme management**
  (outer ring)
- **Change enablement**
  (middle ring)
- **Continual improvement life cycle**
  (inner ring)

Abbildung 10 Sieben Phasen des Implementations Kreislaufs von COBIT 5[80]

4.3.4 Gegenüberstellung SOLL-Prozess – Asset-Management – COBIT

Als letztes IT-Framework wird das COBIT Framework betrachtet und dem Prozess des Asset-Managements gegenübergestellt. Nach dem in den vorangegangenen Kapiteln zwei EA-Frameworks auf ihre Anwendung und Nutzbarkeit in dem Beispielprozess des Asset-Managements geprüft wurden, wird dieser Prozess nun an einem außerhalb der EA stehenden IT-Rahmenwerk wiederholt. Diese gewonnenen Daten werden in der Tabelle 8 aufbereitet. Es wird wiederum versucht, jedem Prozessschritt Bereiche des Frameworks zuzuordnen. Die Informationen dafür werden der COBIT 5 Beschreibung entnommen.[81]

Nr.	Aufgabe	Kann die Aufgabe abgebildet werden?	Wie/Wo wird die Aufgabe im Framework abgebildet?
1	Asset Anforderung	JA	Deliver, Service & Support, DSS4, Manage Service Request and Incedents
2	Freigabe Asset Anforderung	JA	Build, Acquire & Implement, BAI6, Manage Changes

---

[80] Vgl. COBIT5-Laminate.pdf, Stand 21.10.2012S. 4
[81] Vgl. COBIT5-Framework-ED-27June2011.pdf, Stand 13.12.2012S 53-59

4.4.1 Listen

Die einfachste Art der Asset-Verwaltung ist die Nutzung von Listen in allen Formen. Entweder in der Papierform mit allen Nachteilen, z. B. dem Fehlen der dezentralen Zugriffsmöglichkeiten, bis zu Tabellen, die entweder lokal oder in einem Netzwerk gespeichert werden. Bei der Nutzung von Listen steigt die Komplexität mit der Menge der verwalteten Assets an. Eine weitere Herausforderung ist das Nachhalten der aufgenommenen Assets. Gerade bei einer Verwaltung in Papierform werden für diesen Prozess große personelle Ressourcen gebunden.

4.4.2 IT gestützte Asset-Verwaltung

Auch wenn die Nutzung von IT-Hilfsmitteln für die Asset-Verwaltung z. B. Officeprogramme schon einen Vorteil gegenüber der Asset-Verwaltung in Papierform darstellt, werden diese Hilfsmittel noch dem Punkt der Listen zugerechnet. Die Nutzung von auf die Verwaltung von Assets spezialisierten Produkten wird in diesem Absatz dargestellt. Asset-Management kann nicht mit Enterprise Architektur gleichgesetzt werden. Zwischen den Applikationen liegt der Unterschied darin, dass beim Asset-Management die Beziehungen zwischen den Assets nicht abgebildet werden. Genauso fehlt die Verknüpfung der Assets mit Geschäftsprozessen. Asset-Verwaltungen nehmen die Informationen rund um die Assets auf. Dazu gehören Lizenzinformationen, eventuelle Service Level Agreements und Informationen über die Standorte der Assets. Die Programme ermöglichen über die integrierten Suchfunktionen und Reportingmöglichkeiten die schnelle und strukturierte Ausgabe von Informationen über den Inhalt der Asset-Daten.[84] Die nachfolgende Abbildung 11 zeigt aufgeteilt in zwei Fensterbereiche auf der einen Seite eine Baumstruktur mit Grobinformationen zu Standorten und Benutzern und auf der rechten Seite die Detailinformationen zu den einzelnen Assets.

---

[84] Vgl. FCS Fair Computer Systems GmbH Nürnberg (2012): Asset.Desk

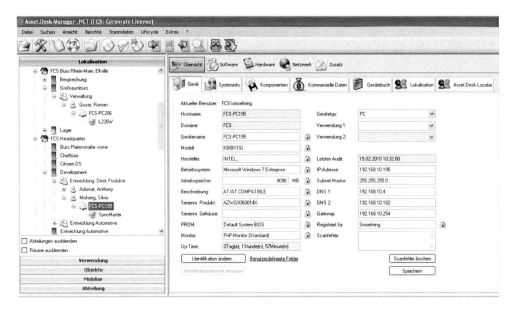

Abbildung 11 Übersicht von Assets mit der Software Asset.Desk [85]

Es gibt noch eine Anzahl weiterer Software, die auf die Verwaltung von Assets spezialisiert ist. Ein weiteres Beispiel ist die Software „NetSupport Manager". [86]

4.4.3 Configuration-Management DataBase

Das Anwendungsgebiet einer Configuration-Management DataBase, im Weiteren mit CMDB abgekürzt, überschneidet sich mit dem Bereich der Asset-Verwaltung. Dabei werden die Informationen zu den Standorten um eine weitere Ebene ergänzt. Die einzelnen Strukturelemente der CMDB (auch als Configuration Items bezeichnet) werden über Beziehungen zueinander verknüpft. [87] Der Einsatz einer CMDB ist eine Grundvoraussetzung für die erfolgreiche Anwendung von ITIL im Unternehmen, da die Services von ITIL auf die Informationen der CMDB zurückgreifen. [88] Bei der Unterteilung der CMDB werden 4 Typen unterschieden. Es gibt die „virtuelle" CMBD. Dabei werden in der CMDB die Links zu verschiedenen Quellen gehalten. Eine zentralisierte Datenhaltung ist nicht erforderlich. Ein weiter Typ ist die „förderierte" CMDB. Dabei kommt ein zentraler Speicher zum Einsatz. Daten werden aus verschiedenen Quellen bezogen und gespeichert. Die „zentralisierte" CMDB

---

[85] heise online (2012): http://www.heise.de/
[86] ProSoft Software Vertriebs GmbH (2012): NetSupport Manager
[87] Vgl. Hess, A. et al., (2006): S. 6ff
[88] Vgl. Rakowski, A. (2011): S. 33

ergänzt die Informationen um Pflegeprozesse und eine Standardisierung der Informationen. Die am weitesten entwickelte CMDB ist die „advanced" CMDB. In dieser Version werden die Daten auf Fehler untersucht und fehlerhafte Bestände repariert.[89]

4.4.4 Asset-Verwaltung mit Enterprise Architektur Software

Einer der Kernpunkte dieses Buches und ein Teil der Optimierungspotentiale des Einsatzes von EA-Software ist die Verknüpfung und Verwaltung von Asset-Informationen mit anderen Unternehmensdaten. Die Abbildung 12 verdeutlicht die unterschiedlichen Mengen, Qualitäten und Nutzungspotentiale bei der Verwendung der unterschiedlichen Möglichkeiten der Asset-Verwaltung. Alle hier aufgeführten Attribute steigen mit dem Wechsel der Technologie.

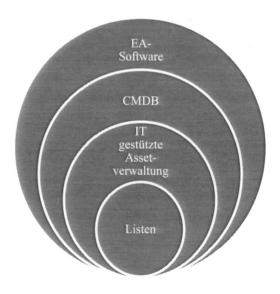

Abbildung 12 Schnittmengen Informationsgehalt bei der Asset-Verwaltung

Der Einsatz von EA-Software schließt dabei keine der Technologien von der Verwendung aus. Der Regelfall ist eher, dass EA-Software, die CMDB und spezialisierte Asset-Verwaltungssoftware nebeneinander betrieben werden und die Informationen über Schnittstellen miteinander abgeglichen werden. Die Verwaltung der Asset-Informationen mit dem Einsatz von Enterprise Architektur und damit mit der Verknüpfung der aufgenommenen und verwalteten Assets mit den Geschäftsprozessen,

---

[89] Vgl. Vaske, H. (2012): Die CMDB - Drehscheibe für IT-Services

Schnittstellen und Daten liefert den höchsten Informationsgewinn und Nutzen für das Unternehmen.

4.4.5 Gegenüberstellung SOLL-Prozess – Methoden der Asset-Verwaltung

Die nun folgende Tabelle 9 soll den Zusammenhang zwischen den einzelnen Prozessschritten des Beispielprozesses und den für die Asset-Verwaltung möglichen IT-Werkzeugen verdeutlichen. Die einzelnen Prozessschritte werden dahingehend überprüft, ob die Funktionalität durch ein Framework unterstützt wird und durch welches Framework die Unterstützung realisiert werden kann.

Nr.		Aufgabe	Kann die Aufgabe abgebildet werden?	Wie kann die Aufgabe abgebildet werden?
1	Asset Anforderung	Asset Anforderung	JA	Listen, Asset-Verwaltungssoftware, EA-Software
2	Freigabe Asset-anforderung	Freigabe Asset Anforderung	JA	Listen, Asset-Verwaltungssoftware, EA-Software
3	Software Anforderung	Software Anforderung	JA	Listen, Asset-Verwaltungssoftware
4	Freigabe Software / Server Anforderung	Freigabe Software / Server Anforderung	JA	Listen, Asset-Verwaltungssoftware
5	Userhardware Anforderung	Userhardware Anforderung	JA	Listen, Asset-Verwaltungssoftware
6	Asset Überprüfung	Asset Überprüfung	JA	Listen, Asset-Verwaltungssoftware, CMDB
7	Alternative vorschlagen	Alternative vorschlagen	JA	Listen, Asset-Verwaltungssoftware
8	Alternative vorschlagen	Alternative vorschlagen	JA	Listen, Asset-Verwaltungssoftware
9	Prüfung Alternative	Prüfung Alternative	JA	Listen, EA-Software
10	Überprüfung Lizenze Pool / Lagerbestand	Überprüfung Lizenz Pool / Lagerbestand	JA	Listen, Asset-Verwaltungssoftware, EA-Software
11	Application Manager zuordnen	Application-Manager zuordnen	JA	Listen, Asset-Verwaltungssoftware, EA-Software
12	Einholung Angebot	Einholung Angebot	JA	Listen
13	Bestell-anforderung	Bestellanforderung	JA	Listen
14	Assetbestellung	Asset-Bestellung	JA	Listen
15	Lieferung Asset	Lieferung Asset	JA	Listen

Nr.		Aufgabe	Kann die Aufgabe abgebildet werden?	Wie kann die Aufgabe abgebildet werden?
16	Anpassung Lizenzpool / Lagerbestand	Anpassung Lizenzpool / Lagerbestand	JA	Listen, Asset-Verwaltungssoftware
17	Asset Geschäftsprozess Zuweisung	Asset Geschäftsprozess Zuweisung	JA	Listen, EA-Software
18	Asset User Zuweisung	Asset User Zuweisung	JA	Listen, Asset-Verwaltungssoftware, EA-Software
19	Asset CMDB Zuordnen	Asset CMDB Zuordnen	JA	Listen, CMDB
20	Installation Software	Installation Software	JA	Listen, CMDB
21	Hardware Einrichtung	Hardware Einrichtung	JA	Listen, CMDB
22	Aufstellung Hardware	Aufstellung Hardware	JA	Listen, CMDB
23	Abnahme Asset	Abnahme Asset	JA	Listen, Asset-Verwaltungssoftware, EA-Software
24	Überprüfung Asset Lebenszyklus	Überprüfung Asset Lebenszyklus	JA	Listen, Asset-Verwaltungssoftware, EA-Software
25	Anpassung / Abgrenzung Lizenzpool	Anpassung / Abgrenzung Lizenzpool	JA	Listen, Asset-Verwaltungssoftware, EA-Software
26	Anpassung Technologievorgaben	Anpassung Technologie- vorgaben	JA	Listen, Asset-Verwaltungssoftware, EA-Software

Tabelle 9 Gegenüberstellung SOLL-Prozess – Methoden der Assetverwaltung

Im Ergebnis der Aufstellung wird deutlich, dass alle Prozessschritte durch den Einsatz von Listen im manuellen Sinne unterstützt werden. Dabei kommen aber auch, wie im Kapitel 4.4.1 aufgeführt, alle Nachteile, die eine manuelle Verwaltung nach sich zieht, zum Tragen. Für fast alle Prozessschritte können mehrere der untersuchten IT-Werkzeuge genutzt werden.

Die in der Tabelle 9 als nicht unterstützt dargestellten Abschnitte benötigen den Einsatz anderer Services oder Software-Produkte, um Einkaufsprozesse abzuwickeln.

4.5 Kombination von Frameworks zur optimalen Prozessabdeckung

Die in den vorangegangenen Kapiteln herausgearbeiteten Aufstellungen zwischen den IT- Frameworks und dem Asset-Management Prozess zeigen, dass außer dem

Zachman Framework keines der IT- Frameworks den Prozess vollständig unterstützt. Wie aber schon im Kapitel 4.2.1 dargestellt, empfiehlt sich die Nutzung dieses Rahmenwerks generell zur Aufnahme der Prozesse und zur Identifizierung der Beteiligten und deren Aufgaben. Ein direktes Framework zur technischen Abbildung von IT-Funktionen und -Services ist das Zachman Framework nicht.

Aus herausgearbeiteten Einzelergebnissen zeigt sich die Notwendigkeit zur Erstellung eines angepassten Frameworks.

Als Grundlage für diese Aufgabe wird in der Tabelle 10 eine Übersicht der Abdeckung der Prozessschritte und der untersuchten Frameworks sowie den Methoden der Asset-Verwaltung aufgebaut. Das Zachman Framework wird nicht separat aufgeführt, da alle Prozessabschnitte unterstützt werden. Genauso wird auf den Einsatz von manuellen Listen nicht mehr verwiesen, da es in dieser Studie um die Optimierung von Prozessen mit IT-Unterstützung geht.

Nr.	Aufgabe	TOGAF	ITIL	COBIT	Asset-Verwaltung
1	Asset Anforderung	Business Architecture, Data Architektur / ADM - Phase C – Information System Architectures	Service Transition / Change Management	Deliver, Service & Support, DSS4, Manage Service Request and Incedents	Asset-Verwaltungssoftware, EA-Software
2	Freigabe Asset Anforderung	Business Architecture / ADM - Phase G - Implementation Gouvernance	Service Transition / Change Management	Build, Acquire & Implement, BAI6, Manage Changes	Asset-Verwaltungssoftware, EA-Software
3	Software Anforderung	Business Architecture / ADM - Phase C – Information System Architectures, ADM - Phase D – Technology Architecture	Service Transition / Change Management	Build, Acquire & Implement, BAI2, Define Requirements	Asset-Verwaltungssoftware
4	Freigabe Software / Server Anforderung	Business Architecture / ADM - Phase C – Information System Architectures, ADM - Phase D – Technology Architecture	Service Transition / Change Management	Build, Acquire & Implement, BAI6, Manage Changes	Asset-Verwaltungssoftware

Nr.	Aufgabe	TOGAF	ITIL	COBIT	Asset-Verwaltung
5	Userhardware Anforderung	Data Architecture / Application Architecture / ADM - Phase C – Information System Architectures, ADM - Phase D – Technology Architecture	Service Transition / Change Management	Deliver, Service & Support, DSS4, Manage Service Request and Incedents	Asset-Verwaltungssoftware
6	Asset Überprüfung	ADM - Phase D – Technology Architecture	Service Transition / Release & Deployment Management	Align, Plan & Organise APO5, Manage Portfolio	Asset-Verwaltungssoftware, CMDB
7	Alternative vorschlagen	ADM - Phase D – Technology Architecture, ADM - Phase E – Opportunities and Solotions	Service Transition / Release & Deployment Management	Align, Plan & Organise APO5, Manage Portfolio	Asset-Verwaltungssoftware
8	Alternative vorschlagen	ADM - Phase D – Technology Architecture, ADM - Phase E – Opportunities and Solotions	Service Transition / Release & Deployment Management	Align, Plan & Organise APO5, Manage Portfolio	Asset-Verwaltungssoftware
9	Prüfung Alternative		Service Transition / Release & Deployment Management		EA-Software
10	Überprüfung Lizenz Pool / Lagerbestand		Service Transition / Release & Deployment Management	Build, Acquire & Implement, BAI4, Manage Availability and Capacity	Asset-Verwaltungssoftware, EA-Software
11	Application-Manager zuordnen	ADM - Phase G - Implementation Gouvernance	Service Operation	Deliver, Service & Support, DSS2, Man	Asset-Verwaltungssoftware, EA-Software
12	Einholung Angebot				andere IT Werkzeuge (nicht Teil der Untersuchung)

Nr.	Aufgabe	TOGAF	ITIL	COBIT	Asset-Verwaltung
13	Bestellanforderung				andere IT Werkzeuge (nicht Teil der Untersuchung)
14	Asset-Bestellung				andere IT Werkzeuge (nicht Teil der Untersuchung)
15	Lieferung Asset				andere IT Werkzeuge (nicht Teil der Untersuchung)
16	Anpassung Lizenzpool / Lagerbestand		Service Transition / Release & Deployment Management		Asset-Verwaltungssoftware
17	Asset Geschäftsprozess Zuweisung	ADM - Phase B – Business Architecture, ADM - Phase C – Information System Architectures		Deliver, Service & Support, DSS8, Manage Business Process Controls	EA-Software
18	Asset User Zuweisung	ADM - Phase C – Information System Architectures	Service Transition / Configuration Management System	Deliver, Service & Support, DSS2, Manage Assets, DSS3 Manage Configuration	Asset-Verwaltungssoftware, EA-Software
19	Asset CMDB Zuordnen		Service Transition / Configuration Management System	Deliver, Service & Support, DSS2, Manage Assets, DSS3 Manage Configuration	CMDB
20	Installation Software		Service Transition / Release & Deployment Management		CMDB
21	Hardware Einrichtung		Service Transition / Service Testing & Validation		CMDB
22	Aufstellung Hardware		Service Transition / Service Testing & Validation		CMDB

Nr.	Aufgabe	TOGAF	ITIL	COBIT	Asset-Verwaltung
23	Abnahme Asset		Service Transition / Service Testing & Validation		Asset-Verwaltungssoftware, EA-Software
24	Überprüfung Asset Lebenszyklus	ADM - Phase E - Opportunities and Solutions, ADM – Phase F – Migation Plannung	Service Strategy	Build, Acquire & Implement, BAI1, Manage Programmes and Projects	Asset-Verwaltungssoftware, EA-Software
25	Anpassung / Abgrenzung Lizenzpool	ADM - Phase E - Opportunities and Solutions, ADM – Phase F – Migation Plannung	Service Transition / Release & Deployment Management		Asset-Verwaltungssoftware, EA-Software
26	Anpassung Technologievorgaben	ADM - Phase E - Opportunities and Solutions, ADM – Phase F – Migation Plannung, ADM Phase H – Architecture Change Management	Service Strategy, Service Transition / Release & Deployment Management	Align, Plan & Organise APO5, Manage Portfolio	Asset-Verwaltungssoftware, EA-Software

Tabelle 10 Aufgabenabdeckung durch Framework – Auswahlvorbereitung

4.6 Einordnung der untersuchten Frameworks

Die Aufstellung und Einordnung der heraus gearbeiteten Informationen über die Frameworks in die Bereiche Stärken, Schwächen, Chancen und Risiken der Tabelle 11, soll die Auswahlentscheidung für das aufgestellte angepasste Framework aus Kapitel 4.8 begründen und veranschaulichen.

Analyse	Stärken	Schwächen
Chancen	• Zachman Framework - vollständige Abdeckung des aufgestellten SOLL-Prozesses, • TOGAF – breiteste Abdeckung des SOLL-Prozess nach Zachman – gute Integration in Infrastruktur und Software • ITIL- bewährte Methodik • COBIT-starker Fokus auf Governance und Compliance - Unternehmensziele werden berücksichtigt	• Zachman Framework – fehlende Integration in Infrastrukturen • ITIL –zeigt nur theoretische SOLL-Verfahren und gibt keine Anleitung zur Umsetzung
Risiken	• Zachman Framework – keine Integration in Infrastruktur • TOGAF- der Prozess wird nicht kontinuierlich überprüft • ITIL – die Ausrichtung des Prozesses geht an den Praxisanforderungen vorbei • COBIT- die Ausrichtung des Gesamtprozesses nach COBIT überfordert die IT-Strukturen	• TOGAF- für sich allein berücksichtigt nicht alle gestellten Anforderungen des SOLL-Prozesses • ITIL- für sich allein berücksichtigt nicht alle gestellten Anforderungen des SOLL-Prozesses • COBIT- für sich allein berücksichtigt nicht alle gestellten Anforderungen des SOLL-Prozesses

Tabelle 11 Einordnung der untersuchten Frameworks und Werkzeuge

Die Zusammenführung der Ergebnisse aus den Kapiteln 4.1 bis 4.6 wird im Kapitel 4.7 in der Tabelle 12 dargestellt.

4.7 Vorschlag eines kombinierten Frameworks

In diesem Absatz werden die Teilergebnisse der einzelnen Untersuchungen der Frameworks und IT-Werkzeuge aus den Kapiteln 4.2 bis 4.4.5 zu einem Ergebnis zusammengefasst. Dieses Ergebnis wird in der Tabelle 12 dargestellt.

Nr.	Aufgabe	Zachman	TOGAF	ITIL	COBIT	sonstige
1	Asset Anforderung	X	X	X	X	Asset-Verwaltungs-software
2	Freigabe Asset-anforderung	X	X	X	X	Asset-Verwaltungs-software
3	Software Anforderung	X	X	X	X	Asset-Verwaltungs-software
4	Freigabe Software / Server Anforderung	X	X	X	X	Asset-Verwaltungs-software
5	Userhardware Anforderung	X	X	X	X	Asset-Verwaltungs-software
6	Asset Überprüfung	X	X	X		Asset-Verwaltungs-software, CMDB
7	Alternative vorschlagen	X	X	X		Asset-Verwaltungs-software
8	Alternative vorschlagen	X	X	X		Asset-Verwaltungs-software
9	Prüfung Alternative	X		X		
10	Überprüfung Lizenze Pool / Lagerbestand	X		X		Asset-Verwaltungs-software Asset-Verwaltungssoftware
11	Appllication Manager zuordnen	X	X			
12	Einholung Angebot	X				andere IT Werkzeu-ge
13	Bestell-anforderung	X				andere IT Werkzeu-ge
14	Assetbestellung	X				andere IT Werkzeu-ge
15	Lieferung Asset	X				andere IT Werkzeu-ge
16	Anpassung Lizenzpool / Lagerbestand	X		X		Asset-Verwaltungs-software
17	Asset Geschäftsprozess Zuweisung	X	X			
18	Asset User Zuweisung	X	X	X		Asset-Verwaltungs-software

Nr.	Aufgabe	Zachman	TOGAF	ITIL	COBIT	sonstige
19	Asset CMDB Zuordnen	X		X		CMDB
20	Installation Software	X		X		CMDB
21	Hardware Einrichtung	X		X		CMDB
22	Aufstellung Hardware	X		X		CMDB
23	Abnahme Asset	X		X		Asset-Verwaltungssoftware
24	Überprüfung Asset Lebenszyklus	X	X	X	X	Asset-Verwaltungssoftware
25	Anpassung / Abgrenzung Lizenzpool	X	X	X		Asset-Verwaltungssoftware
26	Anpassung Technologievorgaben	X	X	X	X	Asset-Verwaltungssoftware

Tabelle 12 Entwurf eines angepassten Frameworks für das Asset-Management

Die Tabelle 12 zeigt, dass es in jedem Fall sinnvoll ist, das Zachman Framework zu nutzen und damit seine Informationen für den Aufbau der IT-Unterstützung des SOLL-Prozesses zu erlangen.

Der Einsatz von TOGAF ist die Voraussetzung des Einsatzes einer Enterprise Architektur-Software und der Integration der IT-Strukturen in ein Modell. TOGAF gleicht die Nachteile des Zachman Frameworks aus und ist Bestandteil aller aktuellen EA-Softwarelösungen. Teile von ITIL werden für die Abwicklung der Prozessschritte aufgegriffen, da diese in vergleichbaren Konstellationen als sinnvoll bewertet wurden. Die Nutzung einer CMDB wird vorgegeben. COBIT wird die Ausrichtung des Prozesses an den Unternehmensleitlinien und Vorgaben sicherstellen. Zusätzlich ist es sinnvoll, spezialisierte Applikationen für die Asset-Verwaltung zu nutzen und auf diese Daten über Schnittstellen zuzugreifen.

Die Auswertung aus der Tabelle 12 bildet ein angepasstes, auf die Aufgaben der Asset-Verwaltung optimiertes IT-Framework. Es wird in den Kapiteln 5 und 6 als Basis für weitere Untersuchungen verwendet.

Es werden die geforderten Abdeckungen der EA-Frameworks überprüft und bei der Einführung der Software wird auf die hier aufgestellten Anforderungen eines Produktes eingegangen. Damit ist ein Teilziel der Untersuchung erreicht, ein Framework für die Nutzung im Bereich der Asset-Verwaltung zu definieren.

5 Stand der Entwicklung der Enterprise Architektur-Suiten

Nachdem im vorherigen Kapitel die Rahmenwerke betrachtet wurden, wird nun die Software dargestellt, die mit diesen Rahmenwerken arbeitet. Dazu werden der Begriff der EA-Suite, deren Aufgaben und die Einordnung dargelegt. Nach der Darstellung folgen eine Marktbetrachtung unterschiedlicher EA-Frameworks und die Darstellung der Besonderheiten der „MEGA Suite". Da diese Untersuchung den Anspruch hat, eine allgemeine Aussage über die Nutzung von EA-Suiten, speziell auf die Nutzung der Asset-Verwaltung zu treffen, wird auch die Entscheidung der Organisation für die Nutzung der Software „MEGA Suite" durch eine Marktbetrachtung verifiziert.

5.1 Enterprise Architektur-Suiten

Enterprise Architektur Suiten sind Software-Produkte für den Unternehmenseinsatz. Eine Enterprise Architektur Suite ist eine Sammlung von modularen Tools zur Abbildung der realen IT-Landschaft im Modell. Zu den einzelnen Modulen gehören Modeling Tools, Control Tools, Transformation Tools und Communication Tools.[90] Die integrierten Software Pakete unterstützen das Management und Business-IT, um Risiken zu betrachten und Informationen über den IT-Lebenszyklus zu verwalten.[91] Die Hauptaufgabe einer EA-Software ist die Unterstützung des Unternehmens in der Verwaltung der IT-Infrastruktur und den damit zusammenhängenden Geschäftsprozessen. Für diesen Zweck wird das Metamodell einer EA-Software mit Unternehmensdaten unterlegt. In vielen Fällen ist es möglich, auch ohne Anpassung des Metamodells bei ausreichender Datengrundlage erste Informationen über die IT-

---

[90] Vgl. MEGA International (2012): MEGA Suite Overview
[91] Vgl. alfabet AG (2012): INTEGRIERTE SOFTWARE-SUITE FÜR BUSINESS-IT-
MANAGEMENT

Systemlandschaft für die Stakeholder auszugeben. In der EA-Software werden As-set-Informationen der Infrastruktur mit Applikationen, Schnittstellen-Services und Geschäftsprozessen verwoben und Zusammenhänge, Risiken und Optimierungsmöglichkeiten visualisiert ausgegeben.[92]

5.2 Marktbetrachtung zur Verifizierung der Entscheidung für den Einsatz der „MEGA Suite"

Der Stand der Entwicklung der EA-Suiten zeigt sich durch die Betrachtung der Reports von Gartner[93] und Forrester[94]. In der Marktuntersuchung der beiden Firmen wurden die Lösungen der Marktteilnehmer für den Bereich EA-Suiten bewertet. Bei der Darstellung der Ergebnisse unterscheiden sich beide Auswertungen in ihren grafischen Aufbereitungen.

Der Forrester Wave stellt in einer Stärken- und Schwächenanalyse für die Anbieter eine Einteilung in Risky Bets, Contenders, Strong Performers und Leaders auf. Die Angebote der Firmen MEGA[95], Troux Technologies[96], Software AG[97] und alfabet[98] führen mit ihren Produkten, nach Forrester, den Markt an. Bei der Untersuchung wurden die Angebote, die Strategie und die Marktpräsenz gewichtet bewertet.[99] Die folgende Abbildung 13 zeigt die untersuchten Aspekte in einer einheitlichen Bewertung für alle Untersuchungsteilnehmer.

---

[92] Vgl. IDG BUSINESS MEDIA GMBH München (2012): Was EAM-Tools leisten
[93] Gartner, Inc. (2012): About Gartner
[94] Forrester Research, Inc. (2012): ABOUT FORRESTER
[95] MEGA International (2012): MEGA Suite Overview
[96] Troux Technologies, Inc. (2012): http://www.troux.com
[97] SAG Deutschland GmbH (2012): Enterprise Architecture
[98] alfabet AG (2012): Enterprise Architecture Management
[99] Forrester / Peyret, Henry; DeGennaro, Tim (2011): S. 14

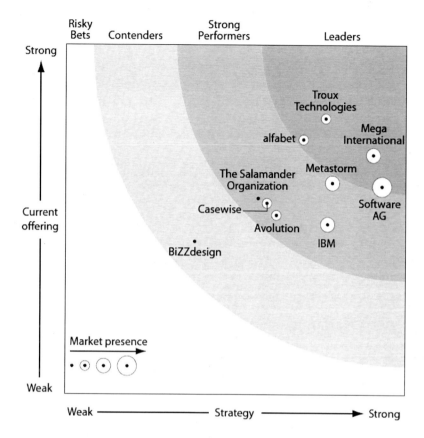

Abbildung 13 Forrester Wave™: EAM-Suites, Q2 '11[100]

Die Aufstellung in Tabelle 13 verdeutlicht die Aussagen der Abbildung 13:

- „MEGA is the most advanced second-generation EA tool migrating to EAMS with strong GRC."[101]

- „Troux Technologies is the strongest for standards and application portfolio management."[102]

- „Software AG promises the best business connection to EAMS."[103]

- „Alfabet is the thought leader and a defining force in the EAMS category."[104]

---

[100] Forrester / Peyret, Henry; DeGennaro, Tim (2011): S. 14

[101] Ebd.

[102] Ebd.

[103] Ebd.

[104] Ebd.

	Forrester's Weighting	alfabet	Avolution	BiZZdesign	Casewise	IBM	Mega International	Metastorm	Software AG	The Salamander Organization	Troux Technologies
CURRENT OFFERING	50%	3.65	2.57	2.19	2.74	2.44	3.43	3.03	2.98	2.81	3.95
Stakeholder objectives	30%	4.01	2.28	2.12	1.95	2.62	3.39	1.83	2.64	2.99	3.59
Collection of information	20%	2.50	2.50	1.25	2.00	2.00	2.50	2.50	2.50	2.00	3.50
Publishing and reporting	20%	4.00	2.00	2.00	4.00	3.00	4.00	4.00	3.00	3.00	5.00
Templates	10%	3.00	4.00	3.50	3.50	1.75	2.50	3.50	4.00	2.00	3.00
Change management	10%	5.00	3.00	3.00	3.00	3.00	5.00	5.00	3.00	5.00	5.00
Product architecture	10%	3.50	2.90	2.50	3.00	1.80	3.60	3.30	3.90	2.10	3.70
STRATEGY	50%	3.50	3.10	1.90	2.96	3.86	4.53	3.93	4.66	2.83	3.83
Product strategy	33%	4.00	2.00	1.00	3.00	3.00	5.00	4.00	4.00	4.00	4.00
Solution cost	0%	2.00	5.00	3.00	3.00	3.00	4.00	4.00	4.00	3.00	3.00
Strategic alliances	33%	3.60	4.20	2.20	3.40	4.20	4.20	3.40	5.00	2.00	5.00
Corporate strategy	33%	2.90	3.10	2.50	2.50	4.40	4.40	4.40	5.00	2.50	2.50
MARKET PRESENCE	0%	2.48	2.92	1.32	2.44	3.72	3.72	3.66	4.56	1.10	2.32
Installed base	40%	2.50	3.40	1.85	2.60	3.50	3.50	3.90	4.60	1.80	2.60
Customer references	0%	0.00	0.00	0.00	0.00	0.00	0.00	0.00	0.00	0.00	0.00
Revenues	10%	5.00	1.00	1.00	3.00	3.00	5.00	5.00	5.00	1.00	3.00
License versus service	0%	0.00	0.00	0.00	0.00	0.00	0.00	0.00	0.00	0.00	0.00
Revenue growth	10%	1.00	5.00	0.00	3.00	1.00	3.00	0.00	3.00	0.00	1.00
Delivery footprint	40%	2.20	2.40	1.20	2.00	4.80	3.80	4.00	4.80	0.70	2.20

All scores are based on a scale of 0 (weak) to 5 (strong).

Tabelle 13 Forrester Wave™: EAM-Suites, Q2 '11 (Cont.) [105]

Die nun folgende Grafik wurde aus dem Gartner Quadranten für Enterprise Architektur Tools entnommen. Auch aus dieser Grafik geht hervor, dass im Bereich der *leaders* und *visionaries* wie auch im Forrester Report die Firmen MEGA, alfabeth, Troux und Software AG angeordnet sind. Zusätzlich werden in diesem Bereich noch IBM, Opentext, Casewise und BIZZdesign mit ihren Produkten aufgeführt.

---

[105] Vgl. Forrester / Peyret, Henry ; DeGennaro, Tim (2011): S. 1-14

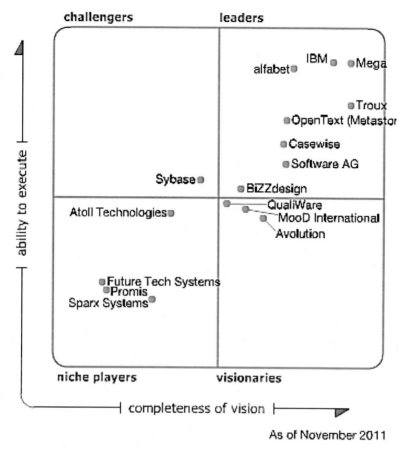

Abbildung 14 Magic Quadrant for Enterprise Architecture Tools - November 2011[106]

Bei der Untersuchung des EAI Frameworks wurden mehrere Kriterien untersucht und mit verschiedenen Wichtungen versehen. Diese werden in den zwei nachfolgenden Tabellen aufgeführt. Diese Aussagen bilden die Grundlage für die Einordnung der Hersteller von EAM Software in der Abbildung 14.

Evaluation Criteria	Weighting
Product/Service	High
Overall Viability (Business Unit, Financial, Strategy, Organization)	High
Sales Execution/Pricing	Standard
Market Responsiveness and Track Record	Standard
Marketing Execution	Standard
Customer Experience	High
Operations	Standard

Tabelle 14 Ability to Execute Evaluation Criteria[107]

---

[106] Vgl. Gartner / Wilson, Chris; Short, Julie; (2011)

Evaluation Criteria	Weighting
Market Understanding	High
Marketing Strategy	Standard
Sales Strategy	Standard
Offering (Product) Strategy	High
Business Model	Standard
Vertical/Industry Strategy	Low
Innovation	Standard
Geographic Strategy	Low

Tabelle 15 Completeness of Vision Evaluation Criteria[108]

Die Abbildung 15 entstammt dem Gartner Report für EA aus 2012.

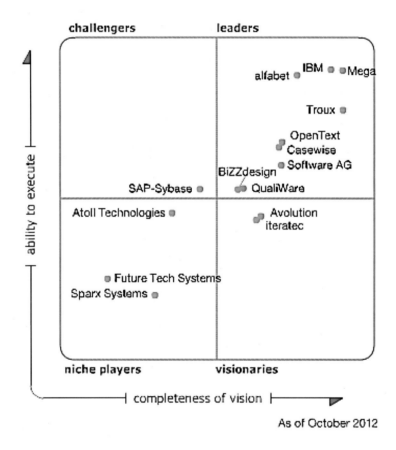

Abbildung 15 Magic Quadrant for Enterprise Architecture Tools - Oktober 2012[109]

---

[107] Gartner / Wilson, Chris; Short, Julie; (2011)
[108] Ebd.
[109] Bittler, S. R. (2012): Magic Quadrant for Enterprise Architecture Tools

Der aktuelle Gartner Report für EA aus dem Jahr 2012 bestätigt noch einmal die Auswahlentscheidung für die „MEGA Suite" als Enterprise Architektur Software. Die konstante, positive Entwicklung des Produktes wird deutlich.[110]

5.3   Einordnung der Suiten nach Einsatzgebieten

An dieser Stelle sollen die EA-Suiten nach ihren speziellen Fähigkeiten oder Einsatzgebieten eingruppiert werden. Jede der in dieser Studie vorgestellten Software-Frameworks hat spezielle Fähigkeiten und damit auch unterschiedliche Zielgruppen. Die Zielgruppe der EA-Suite von alfabet sind z. B. die Automobilhersteller, Banken, Versicherungen, Unternehmen der Logistikbranche, Rohstofflieferanten und Telekomunikations-Unternehmen.[111] Der Vorteil der „MEGA Suite" besteht in der Flexibilität des eingesetzten Metamodells.[112] Die besondere Stärke von Troux liegt in der Visualisierung und in den vielfältigen Reporting-Funktionen.[113] Die Stärke des EA-Tools der IDS Scheer AG liegt in der starken Methodik. Aris verfügt über ein umfassendes Informationsmodell, ist aber im Bereich des Metamodells nicht so flexibel wie einige Mitbewerber.[114]

Es gibt es auch Gemeinsamkeiten bei allen IT- Frameworks. So unterstützen alle in diesem Buch aufgeführten EA-Werkzeuge das Zachman Framework und das TOGAF Framework sowie den Einsatz eines Metamodells. Diese bilden die Grundlage aller aktuellen EA-Softwareprodukte.

5.4   Besonderheiten der MEGA Suite

Die Besonderheit der „MEGA Suite" liegt in der Ausrichtung der Software auf die Kombination der Enterprise Architektur mit Risiko-Management und Gouvernance. Dazu werden bei der Betrachtung des Unternehmens unter Verwendung von MEGA die Strategie, die Aufnahme von Geschäftsprozessen, die Betrachtung von Risiken,

---

[110] Ebd.
[111] Vgl. alfabet (2012): http://alfabet.de/de/kunden/
[112] Vgl. IDG BUSINESS MEDIA GMBH (2012): computerwoche.de
[113] Ebd.
[114] Ebd.

die Aufnahme und Verwaltung von IT-Assets und das Compliance-Modell des Unternehmens berücksichtigt. Den Stakeholdern im Unternehmen dient MEGA als Plattform zur Aufnahme, Verwaltung und Verarbeitung von Informationen. Dabei werden die Anspruchsgruppen differenziert versorgt.[115]

Durch die integrierten Tools, z. B. das MEGA Adviser Tool, ist der Zugang zu den Unternehmensinformationen für die unterschiedlich IT-affinen Stakeholder besonders leicht möglich.[116]

5.5 Abgleich der EAM-Suiten mit IT-Frameworks

Die EAM-Suiten haben nicht den Anspruch alle Fragen der IT-Umgebungen selbst vollständig zu beantworten. Darum integrieren sie zusätzlich weitere IT-Frameworks in ihre Oberflächen. Dabei decken sie einen breiten Bereich der Fragen aus der IT-Infrastruktur und vor allem aus der IT-Architektur ab.

Weitere IT-Gebiete und Themen z. B. die IT-Projektarbeit, die Verwaltung von Assets oder der IT-Systembetrieb werden von den Architektur-Frameworks nicht betrachtet. Um diese Bereiche abzudecken, gibt es andere IT-Frameworks, die ebenfalls ihren wichtigen Beitrag in der IT haben. Durch die Aufstellung des SOLL-Prozesses der Asset-Verwaltung im Kapitel 4.1 wurden die IT-Werkzeuge identifiziert, die zusätzlich benötigt werden. Diese werden anschließend gemeinsam mit den Software Lösungen in Abgleich gebracht.

An dieser Stelle werden die EAM-Suiten mit den unter 4.2 bis Kapitel 4.4 dargestellten IT-Frameworks abgestimmt. Es wird dargestellt welche Softwarepakete welche Frameworks nutzen bzw. unterstützen, um die optimale Unterstützung für den Prozess der Asset-Verwaltung zu bilden. Auch an dieser Stelle der Studie soll die Entscheidung der Organisation für die Software „MEGA Suite" hinterfragt werden.

---

[115] Vgl. Franziska, B. (2012): MEGA im Enterprise Architecture Tools Magic Quadrant zum Branchenführer erklärt
[116] Vgl. Bittler, S. R. (2012): Magic Quadrant for Enterprise Architecture Tools

	Zachman EA-Framework	TOGAF EA-Framework	ITIL allg. IT- Framework	COBIT allg. IT- Framework
MEGA Suite	MEGA Zachman Portal[117]	TOGAF 9 Framework with MEGA for TOGAF[118]	Support of ITIL version 3.2[119]	Enterprise Governance, Risk and Compliance (GRC) [120]
Troux	wird unterstützt[121]	Troux for TOGAF™[122]	teilweise Unterstützung, CMDB for ITIL[123]	über add-on unterstützt, Process2Web [124]
planningIT	wird unterstützt, in „alfabet-Methodik"[125]	wird unterstützt, in „alfabet-Methodik"[126]	wird unterstützt, in „alfabet-Methodik"[127]	wird unterstützt, in „alfabet-Methodik"[128]
ARIS	wird unterstützt[129]	wird unterstützt[130]	teilweise unterstützt[131], ARIS ITIL[132]	COBIT 4 unterstützt[133]

Tabelle 16 Gegenüberstellung EAM Software - IT-Frameworks

---

[117] Vgl. wp_mega_zachman_en.pdf, Stand 03.12.2012S. 9
[118] Vgl. MEGA international S.A. (2012): TOGAF 9 Framework with MEGA for TOGAF
[119] Vgl. MEGA international S.A. (2012): ITIL Best Practices Process Library with MEGA ITSM Accelerator
[120] Vgl. MEGA international S.A. (2012): Enterprise Governance, Risk and Compliance (GRC)
[121] Vgl. Sybase (2012): Why-Architecture-Matters-WP
[122] Vgl. Troux Technologies, Inc. (2012): Troux for TOGAF™ | Drive Business Value From TOGAF™. Fast.
[123] Vgl. Troux Technologies, Inc. (2012): Configuration Management Database for ITIL
[124] Vgl. eFaros LTD (2012): Welcome to eFaros*
[125] Vgl. alfabet AG (2012): Unterstützung von Architektur-Frameworks in planningIT
[126] Ebd.
[127] Ebd.
[128] Ebd.
[129] Vgl. Software AG (2012): http://www.softwareag.com
[130] Ebd.
[131] Ebd.
[132] Vgl. Software AG (2012): ARIS ITIL
[133] Vgl. Software AG (2012): Governance, Risk & Compliance Management with ARIS

Die Informationen zur Befüllung der Tabelle 16 wurden aus den White-Papers oder den Webauftritten der Software-Hersteller oder Dritt-Anbietern herausgearbeitet.

Aus der Übersicht lassen sich folgende Aussagen entnehmen:

- das Zachman Framework wird von jedem der ausgewählten Software-Anbieter unterstützt,
- das TOGAF Framework wird ebenfalls von jedem Anbieter unterstützt,
- das ITIL Framework wird durch die Produkte „MEGA Suite" und planingIT vollständig und durch Troux und ARIS in Teilen unterstützt,
- COBIT wird durch „MEGA Suite" und planningIT unterstützt. Die Unterstützung von Troux erfolgt über Anwendungen von Drittanbietern und Aris unterstützt Teile von COBIT.

Die Produkte von MEGA international und alfabet AG bieten die breiteste Unterstützung für die untersuchten Frameworks zum Zeitpunkt der Untersuchung an. Dabei wurden die EA-Frameworks Zachman und TOGAF fest in die Oberfläche der EAM-Software integriert. Dieses wird in der Abbildung 16 beispielhaft dargestellt.

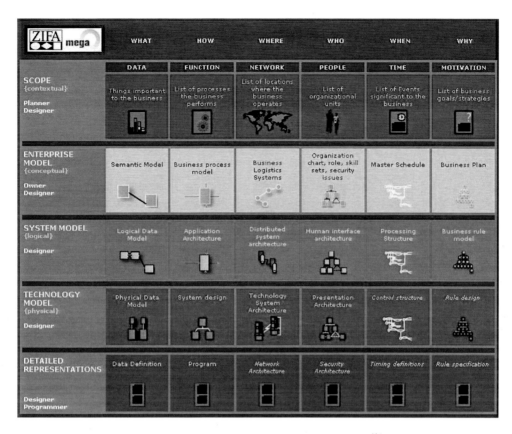

Abbildung 16 Zachman Framework - MEGA Suite[134]

Der Zugriff auf ITIL und COBIT ist in den internen Prozessen berücksichtigt.

Die Marktbetrachtung aus dem Kapitel 5 bestätigt die Auswahlentscheidung der Organisation für die „MEGA Suite" als objektive Entscheidung.

5.6 Optimierung durch Einsatz von Enterprise Architektur-Software

Der Einsatz von Enterprise Architektur-Software liefert Möglichkeiten zur Optimierung von IT-Systemen und Organisationen. Der Einsatz von abgestimmten Frameworks ist Voraussetzung für die Prozessintegration und aufeinander abgestimmte Services.[135] EA ist behilflich beim Auffinden von Redundanzen und fördert die Wiederverwendung von Komponenten. Durch die Aufnahme des IST-Zustandes lassen sich Informationen über eingesetzte Technologien und Komponenten gewinnen.

---

[134] MEGA Suite Installation
[135] Vgl. Schönherr, M.; Aier, S. (2006): S. 235-237

Durch diese Informationen ist eine Standardisierung dieser Komponenten möglich und es lassen sich daraus eventuelle Kosteneinsparungen z. B. für Anwenderschulungen oder Softwaretests generieren. Es wird Transparenz geschaffen.[136] Die allgemeinen Ziele der Enterprise Architekturen aus Kapitel 3.2 können durch den Einsatz von Enterprise Architektur-Softwareprodukten erreicht werden.

6 Einführung einer Enterprise Architektur-Software

Im Rahmen dieses Kapitels werden bestehende Software-Einführungsmodelle betrachtet und untersucht, ob sich diese Modelle für die Einführung einer EA-Software eignen. Wenn dieses nicht der Fall ist, wird ein angepasstes Einführungsmodell erstellt.

Die Einführung einer neuen Software in eine bestehende IT-Landschaft wird in vielen Werken der Literatur beschrieben. Dabei werden unterschiedliche Definitionen zur Softwareeinführung aufgestellt. Eine dieser Erklärungen lautet z. B.:„Ein Vorgehensmodell zur Einführung von Standardsoftware, im Weiteren mit SSW abgekürzt, umfasst alle damit verbundenen Aufgaben zur erfolgreichen Produkteinsetzung. Grundsätzlich werden unter SSW Anwendungssysteme verstanden, die ohne Änderung in unterschiedlichen Unternehmen einsetzbar sind"[137]

Dabei wird die Softwareeinführung in mehrere Phasen unterteilt. Zu den Phasen werden z. B. die Workshop-Phase, das Prototyping und der Pilotbetrieb gezählt.[138] Die folgende Abbildung 17 stellt die einzelnen Schritte der Einführung grafisch dar.

---

[136] Vgl. Schwarzer, B. (2009): S. 78-80
[137] Vgl. Gronau, N. (2001):
[138] Vgl. Gronau, N. (2010): S. 334f

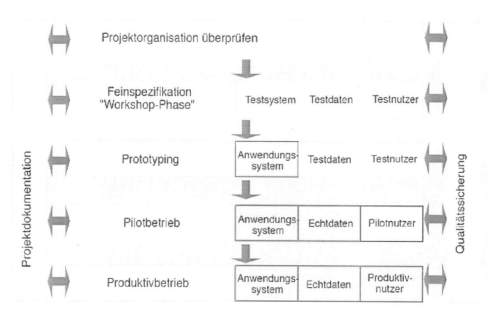

Abbildung 17 Vorgehensmodell der Einführung von Standardsoftware[139]

Nach der Einführung einer Projektorganisation wird der Softwarehersteller mit in die Projektarbeit einbezogen. In der Workshop-Phase werden die Details geplant und definiert, um danach auf dieser Grundlage mögliche Geschäftsprozesse zu erarbeiten. In der sich anschließenden Aufgabe wird ein für die Organisation angepasstes System installiert, um die getätigten Einstellungen zu überprüfen. In diesem Abschnitt werden ebenso die Stamm- und Bewegungsdaten zur späteren Überführung in das neue System ausgewählt und entsprechend vorbereitet. Diese Phase wird als Prototyping-Phase bezeichnet.

Die abschließenden Bereiche in dem Modell von Gronau bilden der Probebetrieb mit der Aufnahme der Echtdaten in das neue System und der anschließende Produktivbetrieb mit den Produktivnutzern.[140] Die Phasen der Softwareeinführung folgen aufeinander.[141]

Softwareeinführungen müssen nach ihren Eigenschaften und Anwendungsfällen getrennt betrachtet werden. Je nachdem wie komplex die Software ist oder ob Alt-Systeme berücksichtigt werden müssen, kommen unterschiedliche Arten der Einführung zum Einsatz.[142] Diese Umstellungsvariationen haben das Ziel, die einzuführen-

---

[139] Ebd.
[140] Ebd.
[141] Vgl. Krcmar, H. (2009): S. 193
[142] Vgl. Krcmar, H. (2009): S. 235

de Software zum Dauerbetrieb zu ertüchtigen, nachdem in der Prototyping-Phase das Customizing der Parameter für die spezielle Organisation durchgeführt wurde.

6.1 Einführungsmodell für Office-Software

Um zu überprüfen, ob es möglich, ist EAM-Software wie Office-Software einzuführen, wird anschließend die Einführung einer Office-Software untersucht. Die Einführung eines Office-Produktes für die Anwenderlandschaft einer Organisation kann nach dem in Kapitel 6 vorgestellten Modell geplant werden. Zusätzlich zu den Phasen, die im Modell beschrieben werden, muss noch die Art und Weise der Umstellung betrachtet werden. Bei jeder Software-Einführung muss entschieden werden:

- Kann die Software an einem bestimmten Tag von einem vorherigen Zustand auf einen neuen Zustand umgestellt werden? Diese Umstellung wird als „Big Bang" bezeichnet.[143]

- Wird die alte Systemlandschaft gleichzeitig zur neuen Applikation, zumindest für einen Zeitraum, betrieben? Es würde eine Parallelisierung der Applikationen erfolgen.

- Können die Produkte modulweise geteilt und diese dann zu einem Stichtag oder parallelisiert in Betrieb genommen werden?

- Erfolgt eine Umstellung auf eine im Normalfall höhere Version einer sich schon in Anwendung befindlichen Software?[144]

Diese Fragen sind bei der Einführung einer Office Applikation zu beantworten. Es ist vorgesehen und möglich, mit der Unterstützung durch eine ausreichende Anzahl von Mitarbeitern oder mit Hilfe von geeigneten IT-Verteilmechanismen, die Installation einer Office-Umgebung stichpunktartig umzustellen. Es wäre möglich, alte Versionen von Office Produkten parallel zu einer neuen Office-Version zu betreiben. Dieses kann unter Umständen sogar notwendig sein, um bestehende automatisierte Prozesse oder Schnittstellen weiter betreiben zu können. Eine modulabhängige Umstellung einzelner Komponenten ist möglich. Im Standardfall wird, außer z. B. bei der Neugründung einer Organisation, auf eine höhere Version umgestellt.

---

[143] Vgl. Gronau, N. (2012): Vorgehensmodelle zur Einführung von Standardsoftware
[144] Ebd.

Aus der positiven Beantwortung aller gestellten Fragen geht hervor, dass die eigentliche technische Umstellung einer Office-Applikation zu den einfachen Software Einführungen gezählt werden kann. Dabei kann es im Bereich der Stakeholder zu Umstellungshürden kommen.

6.2 Einführungsmodell für ERP-Software

Nach der Überprüfung der Software-Einführung für Officeprodukte wird nun geprüft, ob für die Einführung einer Enterprise-Resource-Planning Software, im Weiteren mit ERP-Software abgekürzt, ebenso das herausgearbeitete Softwaremodell f angewendet werden kann. Zusätzlich ist es auch bei der ERP-Software Einführung notwendig, die im Kapitel 6.1 aufgestellten Fragen auch für die ERP Einführung zu beantworten.

Mit einer ausreichend kalkulierten Blockzeit und vorher durchgeführten Tests in Entwicklungs- und Qualitätssicherungssystemen ist es möglich, diese an einem bestimmten Zeitpunkt auf einen neuen Zustand umzustellen. Unter Umständen kann dieser Vorgang, je nach Größe und Komplexität der umzustellenden Systeme mehr als einen Tag benötigen.

Die alte Systemlandschaft kann im Regelfall nicht parallel zur neuen Umgebung betrieben werden, da die Automatisierung in ERP-Systemen zu Inkonsistenzen der Informationen führen würde, wenn parallelisierte Systeme gleichzeitig Anforderungen bearbeiten würden.

Das modulweise Anpassen von ERP-Systemen ist von den Herstellern der Softwareprodukte z. B. SAP im Aufbau der Systeme berücksichtigt und vorgesehen. Ein Weg, dieses umzusetzen, drückt sich in den serviceorientierten Architekturen, im Weiteren mit SOA-Architektur abgekürzt, der ERP-Systeme aus.[145]

Auch bei ERP-Systemen wird in der Regel auf eine höhere Version der Software umgestellt.

---

[145] Vgl. SAP DEUTSCHLAND AG & CO. KG (201): SERVICEORIENTIERTE ARCHITEKTUR

6.3 Einführung einer Enterprise Architektur Software

Die Einführung einer Enterprise Architektur-Software wird im Vorfeld wie die Einführung von anderen Standard-Softwareprodukten geplant. Bei dieser Planung sind die Modelle für die Einführung von Office-Software und ERP-Software aus den Kapiteln 6.1 und 6.2 als Orientierung hilfreich. Auch die Beantwortung der Fragestellungen am Anfang des Einführungsprojektes ist dabei notwendig.

- Kann die EA-Software an einem bestimmten Tag von einem vorherigen Zustand auf einen neuen Zustand umgestellt werden? Im Allgemeinen, so auch in der untersuchten Organisation, kann EA-Software an einem fixen Zeitpunkt in Betrieb genommen werden. Dabei wird die Applikation grundsätzlich betriebsfähig, muss aber noch durch die Zufuhr und Integration von Informationen nachträglich in einen sinnvoll nutzbaren Zustand überführt werden. Die Befüllung eines EA-System ist eine kontinuierliche Aufgabe, die durch die Governance des Unternehmens unterstützt werden muss.

- Wird die alte Systemlandschaft gleichzeitig zur neuen Applikation - zumindest für einen Zeitraum betrieben? Wenn es zum Zeitpunkt schon eine EA-Softwarelösung in der Unternehmung geben sollte, kann diese parallel weiter betrieben werden und zu Informationsübertragung verwendet werden. Anders als bei ERP-Systemen werden normalerweise keine Steuerungsfunktionen mit EA-Software unterstützt. Das Alt-System sollte dabei jedoch von der aktiven Nutzung durch Mitarbeiter getrennt werden, um keine neuen Informationen aufzunehmen.

- Können die Produkte modulweise geteilt und diese dann zu einem Stichtag oder parallelisiert in Betrieb genommen werden? Die modulweise Integration und Inbetriebnahme ist bei allen untersuchten EA-Software Applikationen möglich.

- Erfolgt eine Umstellung auf eine - im Normalfall höhere Version - einer sich schon in Anwendung befindlicher Software? Das Update auf eine höhere Version ist der Regelfall für die Einführung neuer EA-Software.[146]

---

[146] Ebd.

Ein direktes Einführungsmodell für EA-Software konnte bei der Untersuchung des Marktes nicht gefunden werden. Das Fehlen eines geeigneten Modells macht die Aufstellung eines eigenen angepassten Modells für die Einführung von EA-Software im Allgemeinen und der „MEGA Suite" im Speziellen notwendig. Dabei werden Teile der gefunden Modelle genutzt und angepasst.

Da die Anforderungsanalyse, die Marktbetrachtung, der Auswahlprozess eines Produktes und auch die Make-or-Bye Entscheidung in dem betrachteten Fall schon abgeschlossen sind, beginnt der Softwareeinführungsprozess nach der Installation der Software. Dieser unterscheidet sich in jeder Organisation nach der IT-Strategie und den vorhanden Ressourcen. Diese Variationen sind in den Handbüchern zur „MEGA Suite" ausführlich erläutert.[147] [148] [149]

6.3.1 Einsatz der Enterprise Architektur Software

Der Einsatz der EA ist ein strategischer Prozess, der durch die Unternehmensvision und -strategie geführt wird. Dabei werden die Interessen der IT und der Geschäftsbereiche kombiniert. Der Einsatz von EA ist bei der Risikoreduktion behilflich. Ebenso steigert sie die Qualität der Informationen.[150] Die Einsatzgebiete der EA-Software lassen sich aus dem Kapitel 3.2 ableiten. So ist die IT eines Unternehmens ein Bereich für den Einsatz der EA-Software. Weiterhin kann die EA Antworten für die Fachbereiche, das Management und die Strategie des Unternehmens erbringen. Eine aufgeschlüsselte Aufstellung der an EA Beteiligten liefert eine Stakeholder-Betrachtung.

6.3.2 Stakeholder-Analyse für Enterprise Architektur Software

Nach der Untersuchung des Einsatzes der EA werden die Anspruchsgruppen, die von den Aktivitäten rund um die EA gegenwärtig oder in der Zukunft betroffen sind[151],

---

[147] Vgl. MEGA Desktop Citrix TSE Installation Guide MEGA 2009 SP5 EN.pdf, Stand 18.12.2012 S. 6ff

[148] Vgl. MEGA Desktop Installation Guide MEGA 2009 SP5 EN.pdf, Stand 19.12.2012 S. 5ff

[149] Vgl. Repository - RDBMS Installation Guide MEGA 2009 SP5.pdf, Stand 19.12.2012 S. 5ff

[150] Vgl. KeyInitiativeOverview_EnterpriseArchitecturePlanning.pdf, Stand 14.12.2012S. 2

[151] Vgl. Thommen, J. (2012): http://wirtschaftslexikon.gabler.de

an dieser Stelle aufgeführt. Diese sind nach internen und externen Anspruchsgruppen getrennt. Zu den internen Anspruchsgruppen zählen:

- Eigentümer – verlangen die Optimierung der Kostenstruktur der IT,
- Management – das Management möchte die Flexibilität erhöhen und die Risiken minimieren,
- Mitarbeiter – sind interessiert daran, die Komplexität der Informationen zu verringern.

Die externen Anspruchsgruppen sind:

- Fremdkapitalgeber – sind an einer verbesserten Transparenz interessiert,
- Lieferanten – fordern Nachhaltigkeit in den Strukturen,
- Kunden – benötigen eine Flexibilität der Organisation,
- Konkurrenz,
- der Staat und die Gesellschaft – verlangen eine hohe Qualität in den angeforderten Informationen.[152]

6.3.3 Enterprise Architektur Software Einführung mit „Big-Bang"

Eine Möglichkeit Software einzuführen, ist die Methode des Big-Bang. Bei dieser Methode wird die Software in die IT-Umgebung integriert und dann über einen längeren Zeitraum mit Daten befüllt. Nach Abschluss der Aufnahme-Phase werden Informationen für die Stakeholder generiert.

6.3.4 Vorteile und Nachteile bei der Software Einführung mit „Big Bang"

Der Big-Bang Ansatz ist in diesem Fall mit dem Top-Down Ansatz[153] kombiniert. Dadurch ist die Akzeptanz der Organisationsleitung von Anfang an sichergestellt. Die Mitarbeit der Fachbereiche in dem Aufbau der EA ist garantiert. Nach Abschluss der IST-Architektur und der IST-Prozesse kann für das gesamte Unternehmen eine zukünftige IT-Umgebung im Rahmen der EA entwickelt werden. Wenn alle Informationen dauerhaft aktuell gehalten werden können, umfassende Fragen über die Infra-

---

[152] Vgl. Friedrichsen, U. (2010): S. 1
[153] Vgl. Bick, M. (2012): Top-down

struktur, die Informationsflüsse und Geschäftsprozesse unternehmensweit generiert werden.

Die relativ lange Zeit der Aufnahme der bestehenden Umgebung ohne erkennbaren Gewinn ist das größte Problem des Big-Bang Ansatzes. Die Fachbereiche werden zur Mitarbeit an einem zeitaufwendigen Thema verpflichtet, bei dem für Sie auf absehbare Zeit kein Gegenwert generiert wird. Je länger diese Phase andauert, umso geringer ist die Akzeptanz der EA in den Fachbereichen, aber auch bei der Unternehmensleitung. Eine weitere Gefahr ist, dass, bedingt durch den langen Einführungszeitraum, Informationen die am Anfang des Projektes aufgenommen worden sind, bereits nicht mehr dem aktuellen IST-Zustand entsprechen. Damit werden Auswertungen über die EA-Software verfälscht.

6.3.5 Projektbezogener Ansatz bei der Enterprise Architektur-Software-Einführung

Eine weitere Möglichkeit der Einführung einer EA-Software ist der projektbezogene Ansatz. Dabei werden aus dem Projekt herausgearbeitete Aufgaben mit Hilfe von EA gelöst. Der Planungshorizont ist für alle Beteiligten greifbarer als beim Big-Bang Ansatz.

6.3.6 Vorteile und Nachteile bei der Software Einführung mit einem Projektbezogenen Ansatz

Die Erstellung der Informationen erfolgt in direkter Zusammenarbeit mit den Fachbereichen. Es werden nicht nur die technischen Inhalte einer Unternehmens-Architektur aufgenommen. Die Verknüpfung von Informationsflüssen und Geschäftsprozessen ist seit Beginn der Arbeit mit EA im Fokus.[154] Die Fachbereiche erhalten bei aktuellen Fragestellungen kurzfristig Antworten und Unterstützung. Die Akzeptanz für EA im Unternehmen wird gesteigert. Die Informationen, welche aus der Projektarbeit gewonnen werden, gehen nach der Projektphase in den Alltagsbetrieb über und werden danach von den Fachbereichen weiter gepflegt. Damit ist die

---

[154] Vgl. Ueberhorst, S. (2012): GARTNER-Stolperfallen im EAM-Alltag

Wahrscheinlichkeit höher, dass dauerhaft auf aktuelle Daten zugegriffen werden kann.

Es besteht die Möglichkeit, durch die Projektarbeit viele kleine Architekturausschnitte zu erstellen, aber dabei kein Bild über die Gesamtheit der Unternehmensarchitektur zu generieren.

Durch die Verinselung im Rahmen der Projektarbeit ist die Ausrichtung der IT an den Geschäftsprozessen erschwert. Es ist notwendig, eine Instanz einzurichten, um die erarbeiteten Informationen zu bündeln und die Schnittstellen zwischen den Unternehmensbereichen bzw. Projektgruppen zu bedienen.

6.4 Angepasstes Einführungsmodell für EA-Software

Eines der Ziele dieser Studie ist es, ein angepasstes Vorgehen für die Einführung der EAM Software „MEGA Suite" zu erstellen. Dabei ist ein konkreter Unternehmensbezug zu einem Übertragungsnetzbetreiber gegeben.

Da bei der Marktuntersuchung kein spezielles Modell für die Einführung einer EAM-Software gefunden wurde, wurden in den vorangegangen Absätzen aus Kapitel 6 Einführungsmodelle vorgestellt und bewertet. Dabei wurde deutlich, dass die Standardmodelle für die Einführung von Office-Software oder auch ERP-Software den Ansprüchen für die Einführung in dem untersuchten Fall nicht genügen. Daraus ergibt sich die Notwendigkeit, ein neues, eigenes Modell für die Einführung von EAM-Software zu generieren. Dafür wurden Teile aus dem Modell der Einführung für Standard-Software aus Abbildung 17 und dem projektbezogenem Ansatz der Software-Einführung aus Absatz 6.3.5 entlehnt, um diese Bausteine in ein angepasstes Modell zu integrieren. Dieses angepasste neue Modell wird in Abbildung 18 dargestellt.

Das Modell besitzt einen linearen Einführungsabschnitt mit den Phasen der Stakeholder-Analyse, der Installation der EAM-Software, einer Prototyping-Phase und den Übergang in den Produktiv-Betrieb. Den zweiten Abschnitt des Modells bildet ein Kreislauf mit Phasen im Produktiv-Betrieb. Zu diesen Phasen zählen der Projektbetrieb mit dem vollständigen Projektablauf, das Projekt-Ergebnis mit den Informationen und Daten, die aus dem Projekt generiert werden. Weiterhin die Phase der Ergebniskonsolidierung, in der die Ergebnisse von Projekten miteinander in Beziehung gebracht werden, die Phase der Qualitätssicherung und die Phase der Integration in das Gesamtbild der IT-Landschaft.

Der Zyklus des zweiten Abschnitts wird bei feiner Granularität der Projekte für ein Projekt mehrfach durchlaufen.

Durch die Konzentration auf die Projektarbeit kann sichergestellt werden, dass die Fachbereiche schnell mit Ergebnissen versorgt werden. Der Gefahr der Verinselung der Informationen wird durch den Abschnitt der Integration in die IT-Landschaft begegnet.

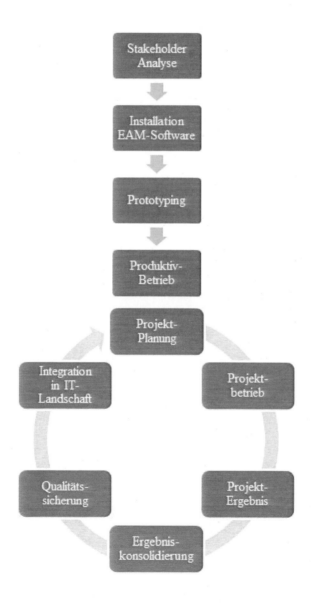

Abbildung 18 Angepasstes Einführungsmodell für EAM-Software

7 Optimierung der IT-Systemlandschaft durch Verbesserung der Asset-Verwaltung

Die konsequente Nutzung des im Rahmen dieser Thesis herausgearbeiteten SOLL-Prozesses für die Asset-Verwaltung in allen Betrachtungen, ermöglicht die Aussagefähigkeit über die Wirtschaftlichkeit des IT-Betriebes zu steigern.

Durch die Einbeziehung der Teilnehmer in den Prozess werden Informationen gewonnen, die die fehlenden Antworten über die IT-Systemlandschaft geben. Es wird dargestellt, welche Assets in die IT-Landschaft aufgenommen werden. Es können verschieden Aussagen getroffen werden:

- Wer ist der Nutzer eines Assets?

- Wer ist der Freigeber eines Assets?

- Welcher Geschäftsprozess wird durch das Asset unterstützt?

- Welche Capability besitzt das Asset?

- Ist das Asset korrekt lizenziert?

- Entspricht der Einsatz des Assets der IT-Strategie?

- Passt das Asset zu den eingesetzten Technologien?

Durch die Antworten auf diese Fragen ist es möglich, die Struktur der IT-Landschaft aufzunehmen und sie zu steuern. Es ist möglich, nach einem gewissen Zeitraum die eigenen IT-Strukturen mit anderen Anbietern für IT-Prozesse und -Leistungen zu vergleichen. Dadurch wird es möglich, in kurzer Zeit Antworten für die Stakeholder mit hoher Qualität bereit zu stellen.

Das Ziel, die fehlende Aussagemöglichkeit über die Wirtschaftlichkeit eines IT-Betriebes zu beseitigen, wird damit erreicht. Dazu zählt auch die Auskunftsfähigkeit über die Erbringungswirtschaftlichkeit der für den IT-Betrieb eingesetzten Systemumgebung. Es kann gesteuert werden, dass bestehende Aufgaben der Unternehmung bei gleicher Ausgangslage mit gleichen Softwareprodukte gelöst werden.

8 Ausblick auf die Nutzung der entwickelten Modelle

Bei der Anwendung des in dieser Untersuchung entwickelten Modells für ein angepasstes EA-Framework für die Nutzung des SOLL-Prozesses in der Asset-Verwaltung und des Modells für die Einführung und den Betrieb einer EAM-Software ist es möglich, Fragen der Stakeholder der Organisation zu beantworten. Dabei können die Ziele der EA aus dem Kapitel 3.2 für das Unternehmen erreicht werden. Es werden Strukturen geschaffen, die es ermöglichen, eine Ordnungsrahmen in die IT-Systemlandschaft zu integrieren und die EA als Ganzes zu sehen und zu steuern. Die EAM-Software kann in dem konkreten Beispiel durch den projektbezogenen Einsatz einen Beitrag zum Unternehmensziel leisten.

Die Konstruktion des Frameworks sollte durch die Untersuchung weiterer SOLL-Prozesse bestätigt und entsprechend für weitere Aufgaben nötigenfalls ergänzt werden.

Durch die steigende Anzahl von IT-Projekten und deren Unterstützung durch EA können quantitativ und qualitativ höherwertige Informationen für das jeweilige Projekt, für zukünftige Projekte und für das Unternehmen generiert werden. Dabei sollte auch das EA-Modell geprüft und wenn nötig aktualisiert werden. Die Nutzung der EA macht es möglich, die Auskunftsfähigkeit über die eingesetzte IT-Struktur zu steigern. Es ist möglich, eine Capability-Map aufzustellen. Der Einsatz des Zachman Frameworks, auch außerhalb der EA und der IT-Projekte, ist generell zu empfehlen.

9 Zusammenfassung und Fazit

Zum Abschluss der Untersuchung wird das angestrebte Ergebnis, überprüft. Die Fragen zum Ergebnis werden anhand der Zieldefinition beantwortet.

Optimierung der Systemlandschaft:

Der spezielle Fokus der Optimierung in dieser Studie wird durch die Verbesserung des Prozesses des Asset-Managements verdeutlicht. Dabei soll der Prozess in seinen Kennzahlen verbessert werden. Dazu gehören die Qualität des Prozesses, die Durchlaufzeit des Prozesses, die Zufriedenheit der Prozessbeteiligten und die Verbesserung der Informationsversorgung über den Prozess und seinen Einzelschritte. Durch die Schaffung einer Capability-Map ist es möglich, über die eingesetzten Strukturen und Elemente der Organisation Informationen zu gewinnen. Dies zieht eine Standardisierung der eingesetzten Software und Hardware nach sich. Die Elemente der Infrastruktur können optimal eingesetzt werden.

Angepasstes Framework:

Im Kapitel 4.7 wird ein aus den Anforderungen des aufgenommen SOLL-Prozesses und den betrachteten Frameworks abgeglichenes, angepasstes Framework erstellt. Dieses Framework gleicht die Schwächen der einzelnen IT-Frameworks durch die Kombination der Eigenschaften aus. Bei der Nutzung der aus den untersuchten Frameworks adaptierten Elemente und der Integration in ein eigenes angepasstes Framework ist es möglich, den Prozess der Asset-Verwaltung abzudecken und den Prozess in der EA-Software abzubilden sowie ihn zu steuern.

Angepasstes Einführungsmodell:

Nachdem bei der Untersuchung von Einführungsmodellen für Software kein spezielles Modell für die Einführung eines Frameworks für EA gefunden wurde, das den Anforderungen für die Einführung einer EA-Software im Allgemeinen und den Bedingungen der untersuchten Organisation im Besonderen entspricht, ist im Absatz 6.4 ein Einführungsmodell für die Einführung und den Betrieb von EA-Software für genau diese Anforderungen entwickelt worden. Dieses Modell berücksichtigt dabei die allgemeinen Anforderungen an einen Software-Einführungsprozess und die speziellen Unternehmensanforderungen.

Wertbeitrag der Asset-Verwaltung bei der Optimierung:

Die Möglichkeiten der Optimierung werden durch die Verbesserung des Prozesses des Asset-Managements verdeutlicht. Dabei soll der Prozess in seinen Kennzahlen verbessert werden. Dazu gehören die Qualität des Prozesses, die Durchlaufzeit des Prozesses, die Zufriedenheit der Prozessbeteiligten und die Verbesserung der Informationsversorgung über den Prozess und seinen Einzelschritte. Schon durch die Definition eines bisher nicht fixierten SOLL-Prozesses kann eine Steigerung durch die Standardisierung der Prozess-Abläufe erreicht werden. Durch die Integration des Prozesses in eine EAM-Software und der damit verbundenen Steigerung der Informationen werden die Kennzahlen verbessert. Die Integration z. B. des Anforderers in den SOLL-Prozess erhöht die Zufriedenheit der Prozessbeteiligten.

Zwischenstand:

Der SOLL-Prozess der Asset-Verwaltung ist bei der Abgabe der Untersuchung abgenommen und mit den Prozessbeteiligten abgestimmt. Das angepasste Framework ist in der Integrationsphase um den Prozess in der EA-Software abzubilden. Das Modell der Software-Einführung ist in Evaluierung und wird mit einem ersten Projekt getestet.

Kritische Würdigung:

Obgleich die Ziele der Studie erreicht wurden, können die Aussagen bisher nur für eine Organisation respektive einen Prozess getroffen werden. Es ist notwendig, die Nutzeffekte in anderen Organisationen und anderen Prozessen ebenfalls zu untersuchen, um allgemeingültige Aussagen zu erzielen.

Anhang A

Symbolverzeichnis:[155]

 Start

Der Prozess wird durch das Ereignis gestartet. Das zusätzliche Nachrichtensymbol im Ereignis zeigt, dass der Empfang von Nachrichten das Startereereignis auslöst.

 Task

Eine Aufgabe ist eine Arbeitseinheit.

 Task Loop

Eine Aufgabe ist eine Arbeitseinheit. Ein zusätzliches Schleifensymbol kennzeichnet eine Aktivität als sich wiederholend.

 Subprozess

Eine Aufgabe ist eine Arbeitseinheit. Ein zusätzliches Plus markiert eine Aktivität als zugeklappten Teilprozess.

 Exklusives Gateway

Bei einer Verzweigung wird der Fluss abhängig von Verzweigungsbedingungen zu genau einer ausgehenden Kante weitergeleitet. Bei einer Zusammenführung wird auf eine der eingehenden Kanten gewartet, um den ausgehenden Fluss zu aktivieren.

 Paralleles Gateway

Wenn der Sequenzfluss verzweigt wird, werden alle ausgehenden Kanten simultan aktiviert. Bei der Zusammenführung wird auf alle eingehenden Kanten gewartet, bevor der ausgehende Sequenzfluss aktiviert wird (Synchronisation).

 End

Das Token erreicht das Ende eines Prozesspfades. Das auslösende Token wird aufgelöst. Alle weiteren im Prozess befindlichen Token durchlaufen den Prozess weiter.

 End

Terminierung: Löst die sofortige Beendigung des Prozesses aus. Alle im Prozess befindlichen Token werden aufgelöst.

Literaturverzeichnis

Forrester / Peyret, Henry; DeGennaro, Tim. (2011). Enterprise Architecture Management Suites, Q2 2011. (Forrester, Ed.) *The Forrester Wave™*, p. 14.

---

[155] Vgl. Freund, J. et al., (2010): S. 18f

Architecture Governance. Berlin.

Magic Quadrant for Enterprise Architecture Tools.

Aier, S., & Schönherr, M. (2006). Zachman Framework. In *Enterprise Application Integration - Serviceorientierung und nachhaltige Architekturen* (Vol. 2, p. 28ff). Berlin: Gito-Verlag.

alfabet. (2012). *http://alfabet.de/de/kunden/.* Retrieved 10 31, 2012, from http://alfabet.de/: alfabet-ausgewahlte-internationale-kunden.pdf

alfabet AG. (2012). *Enterprise Architecture Management.* Retrieved 09 21, 2012, from http://alfabet.de/: http://alfabet.de/de/leistungen/produkt/enterprise-architecture-management/

alfabet AG. (2012). *INTEGRIERTE SOFTWARE-SUITE FÜR BUSINESS-IT-MANAGEMENT.* Retrieved 10 16, 2012, from www.alfabet.com: http://www.alfabet.com/de/leistungen/produkt/main.aspx

alfabet AG. (2012). *Unterstützung von Architektur-Frameworks in planningIT.* Retrieved 12 03, 2012, from http://alfabet.de: http://alfabet.de/media/35472/whitepaper_unterstuetzung_von_architekturframeworks.pdf

alfabet AG24. (2012). Rendite erzielen mit der Enterprise Architecture Der Wertbeitrag von EA. Retrieved 09 24, 2012, from http://www.computerwoche.de: http://www.computerwoche.de/fileserver/idgwpcw/files/968.pdf

APM Group Ltd. (2012). *What is ITIL?* Retrieved 10 06, 2012, from http://www.itil-officialsite.com: http://www.itil-officialsite.com/AboutITIL/WhatisITIL.aspx

Architecting The Enterprise Ltd. (2012). *Über TOGAF®.* Retrieved 11 28, 2012, from http://www.architecting-the-enterprise.com: http://www.architecting-the-enterprise.com/de/togaf.php

Arraj, V. (2012). ITIL®: The Basics. Retrieved 10 06, 2012, from http://www.best-management-practice.com: http://www.best-management-practice.com/gempdf/ITIL_The_Basics.pdf

Beck, K., Beedle, M., Bennekum, A., Cockburn, A., Cunningham, W., Fowler, M., et al. (2012). *Manifesto for Agile Software Development.* Retrieved 11 22, 2012, from Manifesto for Agile Software Development: http://agilemanifesto.org/

Becker, L. (2012). *Wertschöpfung durch IT.* Retrieved 10 21, 2012, from http://www.ap-verlag.de: http://www.ap-verlag.de/Online-Artikel/20110106/2011_6%20Opitz%20Wertschoepfung%20der%20IT.htm

Behms, M. (2009). Leistung und Qualität messen. In *IT-Service Management in der Praxis mit ITIL* (Vol. 1, pp. 171-173). München: Carl Hanser Verlag München.

Beims, M. (2009). CObiT. In *IT-Service Management in der Praxis mit ITIL V3* (Vol. 1, p. 217ff). München: Hanser Verlag.

Beims, M. (2009). Deming Cycle (PDCA-Zyklus). In *IT-Service Management in der Praxis mit ITEL V3* (Vol. 1, p. 43). München: Hanser Verlag.

Beims, M. (2009). Zielsetzung -Was will ITIL. In *IT-Service Management in der Praxis mit ITLL V3* (Vol. 1, p. 11ff). München: Carl Hanser Verlag München.

Bick, M. (2012). *Top-down*. Retrieved 12 18, 2012, from http://www.enzyklopaedie-der-wirtschaftsinformatik.de: http://www.enzyklopaedie-der-wirtschaftsinformatik.de/wi-enzyklopaedie/lexikon/daten-wissen/Wissensmanagement/Wissensmanagement--Strategien-des/Wissensmanagement--Einfuhrungsstrategien-des

BITKOM Bundesverband Informationswirtschaft, Telekommunikation und neue Medien e. V. (2011). Enterprise Architecture Management – neue Disziplin für die ganzheitliche Unternehmensentwicklung. (BITKOM 2011, Ed.) p. 11.

Bittler, S. R. (2012). *Magic Quadrant for Enterprise Architecture Tools*. Retrieved 11 23, 2012, from Magic Quadrant for Enterprise Architecture Tools: http://www.gartner.com/technology/reprints.do?id=1-1CR3TJ5&ct=121108&st=sg

Cartlidge, A., Hanna, A., Rudd, C., Macfarlane, I., Windebank, J., & Rance, S. (2012). An Introductory Overview of ITIL® Overview of ITIL®V3. Retrieved 10 06, 2012, from http://www.best-management-practice.com: http://www.best-management-practice.com/gempdf/itSMF_An_Introductory_Overview_of_ITIL_V3.pdf

Deutsches Herzzentrum München. (2012). *Der PDCA Cycle*. Retrieved 10 06, 2012, from http://www.inquam.de: http://www.inquam.de/deming.htm

Digitales Wörterbuch der deutschen Sprache. (2012). *Optimierung*. Retrieved 11 14, 2012, from http://www.dwds.de/: http://www.dwds.de/?qu=Optimierung

eFaros LTD. (2012). *Welcome to eFaros**. Retrieved 12 03, 2012, from http://www.efaros.com/: http://www.efaros.com/home/efaros-news/process2webbetarelease

FCS Fair Computer Systems GmbH Nürnberg. (2012). *Asset.Desk*. Retrieved 11 01, 2012, from http://www.fair-computer.de/: http://www.fair-computer.de/de/it-management/produkte/assetdesk.html

Ferstl, O. K., Sinz, E. j., Eckert, S., & Isselhorst, T. (2005). Der Unternehmensarchitektur-Rahmen. In *Wirtschaftsinformatik 2005* (Vol. 1, p. 1520). Heidelberg.

Forrester / Peyret, Henry ; DeGennaro, Tim. (2011). Enterprise Architecture Management Suites, Q2 2011. (Forrester Research, Inc., Ed.) *The Forrester Wave™*, pp. 1-14.

Forrester Research, Inc. (2012). *ABOUT FORRESTER*. Retrieved 10 05, 2012, from http://www.forrester.com: http://www.forrester.com/home#/aboutus

Franziska, B. (2012). *MEGA im Enterprise Architecture Tools Magic Quadrant zum Branchenführer erklärt.* Retrieved 10 21, 2012, from http://www.mega.com: http://www.mega.com/de/p/news/p2/press-release/a/news-press-release0349

Freund, J., Rücker, B., & Henninger, T. (2010). Ebene : Strategische Prozessmodelle. In *Praxishandbuch BPMN* (Vol. 1, p. 119ff). München: Carl Hanser Verlag München.

Freund, J., Rücker, B., & Henninger, T. (2010). Symbole der BPMN. In *Praxishandbuch BPMN* (Vol. 1, p. 18f). München: Carl Hanser Verlag München.

Freund, J., Rücker, B., & Henninger, T. (2010). Was BPMN leisten soll - und was nicht. In *Praxishandbuch BPMN* (Vol. 1, p. 21f). München: Carl Hanser Verlag München.

Friedrichsen, U. (2010). Leichtgewichtige Unternehmensarchitekturen. (OBJEKTspektrum, Verlag: SIGS-Datacom, Ed.) *Februar 2010*(leichtgewichtige-unternehmensarchitekturen.pdf), 1.

Friedrichsen, U., & Schrewe, I. (2010). LEICHTGEWICHTIGE UNTERNEHMENSARCHITEKTUREN. (OBJEKTspektrum, Ed.) *2010*(SIGS-Datacom), 2.

Gartner Inc. (2012). Enterprise Architecture Program. Retrieved 12 14, 2012, from http://www.gartner.com: http://www.gartner.com/it/initiatives/pdf/KeyInitiativeOverview_EnterpriseArchitecturePlanning.pdf

Gartner, Inc. (2012). *IT Governance (ITG).* Retrieved 09 25, 2012, from http://www.gartner.com: http://www.gartner.com/it-glossary/it-governance/

Gartner, Inc. (2012). *About Gartner.* Retrieved 10 05, 2012, from http://www.gartner.com: http://www.gartner.com/technology/about.jsp

Gartner, Inc. (2012). *Enterprise Architecture (EA).* Retrieved 09 05, 2012, from http://www.gartner.com: http://www.gartner.com/it-glossary/enterprise-architecture-ea/

Gronau, N. (2001). In *Industrielle Standardsoftware - Auswahl und Einführung* (Vol. 1). Oldenbourg: Oldenbourg Wissenschaftsverlag.

Gronau, N. (2010). Vorgehensmodell der Einführung von Standartsoftware. In *Enterprise Resource Planning: Architektur, Funktionen und Management von ERP-Systemen* (Vol. 2, p. 334f). München.

Gronau, N. (2012). *Vorgehensmodelle zur Einführung von Standardsoftware.* Retrieved 12 18, 2012, from http://www.enzyklopaedie-der-wirtschaftsinformatik.de: http://www.enzyklopaedie-der-wirtschaftsinformatik.de/wi-enzyklopaedie/lexikon/is-management/Einsatz-von-Standardanwendungssoftware/Vorgehensmodelle-zur-Einfuhrung-von-Standardsoftware/index.html?searchterm=big+bang

Hanna, A., & Rance, S. (2012). ITIL® Glossar und Abkürzungen. Retrieved 12 12, 2012, from www.itil-officialsite.com: www.itil-officialsite.com/nmsruntime/saveasdialog.aspx?

Hanna, A., & Rance, S. (2012). ITIL® Glossar und Abkürzungen. Retrieved 12 12, 2012, from www.itil-officialsite.com: www.itil-officialsite.com/nmsruntime/saveasdialog.aspx?

Hanschke, I. (2009). Aktualität und Granularität der Informationen. In *Strategisches Management der IT-Landschaft* (Vol. 1, p. 69ff). München: Carl Hanser Verlag, München.

Hanschke, I. (2009). Best-Practice-Unternehmensarchitektur. In *Strategisches Management der IT-Landschaft* (Vol. 1, p. 69). Germany: Carl Hanser Verlag, München.

Hanschke, I. (2009). Enterprise Architekture Frameworks. In *Srategisches Management der IT-Landschft* (Vol. 1, p. 63). München: Carl Hanser Verlag, München.

Heffner, R. (2012). *Business Capability Architecture: Technology Strategy For Business Impact.* Retrieved 09 25, 2012, from http://blogs.forrester.com: http://blogs.forrester.com/enterprise_architecture/2010/02/business-capability-architecture-technology-strategy-for-business-impact.html

heise online. (2012). *http://www.heise.de/.* Retrieved 11 01, 2012, from Asset.Desk 5.0 : http://www.heise.de/download/asset.desk-120181553.html

Hess, A., Humm, B., & Voß, M. (2006). Geschäftsarchitektur und Architektur von Anwendungslandschaften. In *Regeln für serviceorientierte Architekturen hoher Qualität in Informatik Spektrum* (Vol. 1, p. 6ff). Axel SpringerVerlag.

Horber, J. (2012). MEGA Desktop Application Citrix/Terminal Server Installation Guide MEGA 2009 SP5. Retrieved 12 18, 2012, from www.mega.com: http://mega.com/support/?mega_72&documentation&service_pack_5&_en&deployment_guides

Horber, J. (2012). MEGA Desktop Installation Guide MEGA 2009 SP5. Retrieved 12 19, 2012, from http://mega.com: http://mega.com/support/?mega_72&documentation&service_pack_5&_en&deployment_guides

HORBER, J., CEDARD, C., & DAROLLE, E. (2012). RDBMS Installation Guide – MEGA 2009. Retrieved 12 19, 2012, from http://mega.com: http://mega.com/support/?mega_72&documentation&service_pack_5&_en&deployment_guides

IDG BUSINESS MEDIA GMBH. (2012). *computerwoche.de.* Retrieved 10 31, 2012, from http://www.computerwoche.de/: http://www.computerwoche.de/software/software-infrastruktur/1868156/index8.html

IDG BUSINESS MEDIA GMBH. (2012). *www.computerwoche.de*. Retrieved 10 31, 2012, from So finden Sie das richtige EAM-Tool: http://www.computerwoche.de/software/software-infrastruktur/1868156/index11.html

IDG BUSINESS MEDIA GMBH München. (2012). *Was EAM-Tools leisten*. Retrieved 10 21, 2012, from http://www.computerwoche.de: http://www.computerwoche.de/software/soa-bpm/1907796/

IDG BUSINESS MEDIA GMBH München. (2012). *Zehn Wahrheiten zu COBIT 5*. Retrieved 10 21, 2012, from http://www.computerwoche.de: http://www.computerwoche.de/management/it-strategie/2516461/

ISACA. (2012). COBIT 5: The Framework Exposure Draft. Retrieved 12 13, 2012, from www.isaca.org.

ISACA. (2012). Framework Overview. Retrieved 10 21, 2012, from http://www.isaca.org: http://www.isaca.org/COBIT/Documents/COBIT5-Laminate.pdf

ISACA. (2012). *ISACA Issues COBIT 5 for Information Security*. Retrieved 10 21, 2012, from http://www.isaca.or: http://www.isaca.org/About-ISACA/Press-room/News-Releases/2012/Pages/ISACA-Issues-COBIT-5-for-Information-Security.aspx

IT Governance Institute . (2005). EXECUTIVE OVERVIEW. In *COBiT 4.0* (p. 6). United States of America.

John, A. Z. (2012). *John Zachman's Concise Definition of The Zachman Framework™*. Retrieved 09 03, 2012, from http://www.zachman.com: http://www.zachman.com/about-the-zachman-framework

Keuntje, J. H., & Barkow, R. (2010). EAM Content. In *Enterprise Architecture Management in der Praxis Wandel, Komplexität und IT-KOsten im Unternehmen beherrschen* (Vol. 1, p. 143). Düsseldorf: Symposium Publishing GmbH.

Keuntje, J. H., & Barkow, R. (2010). EAM im Mittelstand. In *Enterprise Architecture Management in der Praxis* (Vol. 1, p. 353). Düsseldorf: Symposium Publishing GmbH.

Keuntje, J. H., & Barkow, R. (2010). EAM in der öffentlichen Verwaltung. In *Enterprise Architecture Management in der Praxis* (Vol. 1, p. 300ff). Düsseldorf: Symposium Publishing GmbH.

Keuntje, J. H., & Barkow, R. (2010). Enterprise Architecture. In *Enterprise Architecture Management in der Praxis* (Vol. 1, p. 354). Düsseldorf: Symposium Publishing GmbH.

Keuntje, J. H., & Barkow, R. (2010). Grundlagen von EAM. In *Enterprise Architecture Management in der Praxis Wandel, Komplexität und ITKosten im Unternehmen beherrschen* (Vol. 1, p. 22). Düsseldorf: Symposium Publishing GmbH.

Keuntje, J. H., & Barkow, R. (2010). Grundlagen von EAM. In *Enterprise Architecture Management in der Praxis Wandel, Komplexität und IT.Kosten im Unternehmen beherrschen* (Vol. 1, p. 20ff). Düsseldorf: Symposium Publishing GmbH.

Keuntje, J. H., & Barkow, R. (2010). Grundlagen von EAM. In *Enterprise Architecture Management in der Praxis Wandel, Komplexität und IT* (Vol. 1, p. 19ff). Düsseldorf: Symposioum Publishing GmbH.

Keuntje, J. H., & Barkow, R. (2010). Vergangenheit, Gegenwart und Zukunft von EAM. In *Enterprise Architecture Management in der Praxis: Wandel, Komplexität und IT-Kosten im Unternehmen beherrschen* (Vol. 1, p. 409f). Düsseldorf: Symposium Publishing GmbH.

Krcmar, H. (2009). Einführung von Software. In *Informationsmanagement* (Vol. 5, p. 235). Heidelberg: Springer-Verlag Berlin Heidelberg.

Krcmar, H. (2009). Ideenfindung und Ideenverwirklichung: Die Softwarentwicklung. In *Informationsmanagement* (Vol. 5, p. 193). Heidelberg: Springer-Verlag Berlin Heidelberg.

Kurbel, K., Becker, J., Gronau, N., Sinz, E., & Suhl, L. (2012). *Metamodell.* Retrieved 09 24, 2012, from http://www.enzyklopaedie-der-wirtschaftsinformatik.de: http://www.enzyklopaedie-der-wirtschaftsinformatik.de/wi-enzyklopaedie/lexikon/is-management/Systementwicklung/Hauptaktivitaten-der-Systementwicklung/Problemanalyse-/konzeptuelle-modellierung-von-is/metamodell

MEGA International. (2012). *MEGA Suite Overview.* Retrieved 10 16, 2012, from http://mega.com: http://mega.com/en/c/product/p/product-overview

MEGA International. (2012). *MEGA Suite Overview.* Retrieved 09 21, 2012, from http://www.mega.com: http://www.mega.com/en/c/product/p/product-overview

MEGA international S.A. (2012). *Enterprise Governance, Risk and Compliance (GRC).* Retrieved 12 03, 2012, from http://www.mega.com/: http://www.mega.com/en/c/solution/p/governance-risk-compliance

MEGA international S.A. (2012). *ITIL Best Practices Process Library with MEGA ITSM Accelerator.* Retrieved 12 03, 2012, from http://www.mega.com: http://www.mega.com/en/c/product/p/libraries-and-frameworks/p2/itil

MEGA international S.A. (2012). MEGA & the Zachman Framework. Retrieved 12
03, 2012, from http://www.mega.com:
http://www.mega.com/wp/active/document/company/wp_mega_zachman_en.
pdf

MEGA international S.A. (2012). *TOGAF 9 Framework with MEGA for TOGAF.*
Retrieved 12 03, 2012, from http://www.mega.com:
http://www.mega.com/en/c/product/p/transformation/p2/togaf-architecture-
framework

Miedl, W. (2012). *Kostenreduktion, Standardisierung und Konsolidierung.* Retrieved
09 24, 2012, from http://www.cio.de/strategien/analysen/817462/:
http://www.cio.de

Nathan Garber & Associates. (2012). *Governance Models: What's Right for Your
Board.* Retrieved 09 25, 2012, from http://garberconsulting.com:
http://garberconsulting.com/governance%20models%20what's%20right.htm

Object Management Group, Inc. (2012). Business Process Model and Notation
(BPMN). Retrieved 11 15, 2012, from http://www.omg.org:
http://www.omg.org/spec/BPMN/2.0/PDF/

Onpulson.de GbR. (2012). *Agilität.* Retrieved 09 25, 2012, from
http://www.onpulson.de: http://www.onpulson.de/lexikon/107/agilitaet/

ProSoft Software Vertriebs GmbH. (2012). *NetSupport Manager.* Retrieved 11 01,
2012, from http://www.prosoft.d: http://www.prosoft.de/produkte/netsupport-
software/netsupport-manager/?gclid=CKiS1-21rrMCFUpb3godqVIA2g

ProSoft Software Vertriebs GmbH. (2012). *NetSupport Manager.* Retrieved 11 01,
2012, from http://www.prosoft.de/produkte/netsupport-software/netsupport-
manager/?gclid=CKiS1-21rrMCFUpb3godqVIA2g: ProSoft Software
Vertriebs GmbH

Rakowski, A. (2011). In Entscheidungsprozess für eine CMDB und Ersteinrichtung
(Ed.), *IT.Prozessmanagement in KMU - Untersuchung und Optimierung von
Kernprozessen durch Veränderung des IT-Servicemanagements* (Vol. 1, p.
33). München: GRIN - Verlag für akademische Texte.

SAG Deutschland GmbH. (2012). *Enterprise Architecture.* Retrieved 09 21, 2012,
from http://www.softwareag.com:
http://www.softwareag.com/de/solutions/ebpm/enterprise_architecture/overvi
ew/default.asp

SAP DEUTSCHLAND AG & CO. KG. (201). *SERVICEORIENTIERTE
ARCHITEKTUR.* Retrieved 12 09, 12, from http://www.sap.com/:
http://www.sap.com/germany/plattform/soa/businessbenefits/index.epx

Schönherr, M. (2012). Enterprise Archtecture Frameworks. 17. Berlin. Retrieved 09
21, 2012, from http://www.martenschoenherr.de:
http://www.martenschoenherr.de/pdf/Enterprise_Architecture%20Framework
s.pdf

Schönherr, M., & Aier, S. (2006). Service Life Cycle Management. Berlin: Gito-Verlag.

Schwarzer, B. (2009). Ausgangssituation in den Unternehmen. In *Einführung in das Enterprise Architecture Management* (Vol. 1, p. 2). Norderstedt: Books on Demand GmbH.

Schwarzer, B. (2009). Effizienz der IT. In *Enterprise Architecture Management Verstehen - Planen - Umsetzen* (Vol. 1, pp. 78-80). Norderstedt: Books on Demand GmbH.

SearchSOA.com. (2012). *business capability*. Retrieved 10 22, 2012, from http://searchsoa.techtarget.com: http://searchsoa.techtarget.com/definition/business-capability

SEO-united.de. (2012). *Optimierung*. Retrieved 11 14, 2012, from http://www.seo-united.de: http://www.seo-united.de/glossar/optimierung/

Simon, F. (2012). *Asset*. Retrieved 10 08, 2012, from http://www.rechnungswesen-verstehen.de: http://www.rechnungswesen-verstehen.de/lexikon/asset.php

Software AG. (2012). *ARIS ITIL*. Retrieved 12 03, 2012, from http://www.softwareag.com: http://www.softwareag.com/corporate/images/SAG_ARIS_ITIL_Nov10-web_tcm16-79049.pdf

Software AG. (2012). *Governance, Risk & Compliance Management with ARIS*. Retrieved 12 03, 2012, from http://www.ids-scheer.com: http://www.ids-scheer.com/set/6473/Governance_Risk_&_Compliance_WP_en_2008-06.pdf

Software AG. (2012). *http://www.softwareag.com*. Retrieved 12 03, 2012, from ARIS Business Architect & Designer: http://www.softwareag.com/de/products/aris_platform/aris_design/business_architect/capabilities/default.asp

Springer Gabler | Springer Fachmedien Wiesbaden GmbH. (2012). *lineare Optimierung*. Retrieved 11 14, 2012, from http://wirtschaftslexikon.gabler.de: http://wirtschaftslexikon.gabler.de/Archiv/56444/lineare-optimierung-v7.html

Sybase. (2012). *Why-Architecture-Matters-WP*. Retrieved 12 03, 2012, from http://www.sybase.com: http://www.sybase.com/files/White_Papers/IDC-EA-Why-Architecture-Matters-WP.pdf

The Open Group. (2011). ArchitectureDevelopment Cycle. In The Open Group (Ed.), *TOGAF® Version 9.1* (Vol. 1, pp. 47-52). The Open Group.

The Open Group. (2012). *TOGAF Archtecture Development Method (ADM)*. Retrieved 10 09, 2012, from http://www.togaf.biz: http://www.togaf.biz/togaf-best-practice/

The Open Group. (2012). TOGAF® 9.1 Translation Glossary: English – German. In *Open Group Standard* (Vol. 1, pp. 1-46). United Kingdom: Open Group Standard.

The Open Group. (2012). *TOGAF® Version 9.1*. Retrieved 10 02, 2012, from
www.togaf.org/: http://www.togaf.org/

The OpenGroup. (2012). *http://www.opengroup.org*. Retrieved 10 02, 2012, from
The Open Group Vision and Mission:
http://www.opengroup.org/aboutus/vision

The University of Chicago. (2012). *IT Service Management Initiatives*. Retrieved 10
06, 2012, from https://itservices.uchicago.edu:
https://itservices.uchicago.edu/page/it-service-management-initiatives

Thomas Group, Inc. (2006). Knowledge Leadership @ ThomasGroup" .

Thommen, J.-P. (2012). *http://wirtschaftslexikon.gabler.de*. Retrieved 12 14, 2012,
from Anspruchsgruppen:
http://wirtschaftslexikon.gabler.de/Archiv/1202/anspruchsgruppen-v6.html

Troux Technologies, Inc. (2012). *Configuration Management Database for ITIL*.
Retrieved 12 03, 2012, from www.jazdfinancial.com:
http://www.jazdfinancial.com/company/Troux-Technologies/Configuration-
Management-Database-for-
ITIL.htm?supplierId=140000532&productId=140029599

Troux Technologies, Inc. (2012). *http://www.troux.com*. Retrieved 09 21, 2012, from
TrouxView™: http://www.troux.com/solutions/approach/

Troux Technologies, Inc. (2012). *Troux for TOGAF™ | Drive Business Value From
TOGAF™. Fast*. Retrieved 12 03, 2012, from http://www.troux.com:
http://www.troux.com/products/troux_togaf/

Ueberhorst, S. (2012). *GARTNER-Stolperfallen im EAM-Alltag*. Retrieved 12 14,
2012, from http://www.computerwoche.de:
http://www.computerwoche.de/a/stolperfallen-im-eam-alltag,1908180

Vaske, H. (2012). *Die CMDB - Drehscheibe für IT-Services*. Retrieved 11 01, 2012,
from http://www.computerwoche.d:
http://www.computerwoche.de/software/software-infrastruktur/1855356/

WebFinance, Inc. (2012). *asset*. Retrieved 10 08, 2012, from
http://www.investorwords.com:
http://www.investorwords.com/273/asset.html

Witherton Jones Publishing Ltd. (2012). *Computer Integrated Manufacturing (CIM)*.
Retrieved 09 24, 2012, from http://www.wirtschaftslexikon24.net:
http://www.wirtschaftslexikon24.net/d/computer-integrated-manufacturing-
cim/computer-integrated-manufacturing-cim.htm

www.opengroup.org. (2012). TOGAF® Version 9.1 Enterprise Edition. Retrieved 10
02, 2012, from https://www2.opengroup.org/:
https://www2.opengroup.org/ogsys/publications/viewDocument.html?publica
tionid=12492&documentid=11384